人生五念，都是好运念

信念 心态 人际 梦想 快乐

[台湾] 王国涛 / 著

中国华侨出版社

图书在版编目（CIP）数据

人生五念/王国涛（台湾）著.—北京：中国华侨出版社，2011.1
ISBN 978 – 7 – 5113 – 1154 – 2

Ⅰ.①人… Ⅱ.①王… Ⅲ.①人生哲学—通俗读物 Ⅳ.①B821 – 49

中国版本图书馆 CIP 数据核字（2011）第 007612 号

● 人生五念

著　　者	/王国涛
责任编辑	/李　晨
经　　销	/新华书店
开　　本	/710×1000 毫米　1/16　印张 15　字数 220 千字
印　　数	/5001-10000
印　　刷	/北京一鑫印务有限责任公司
版　　次	/2013 年 5 月第 2 版　2018 年 3 月第 2 次印刷
书　　号	/ISBN 978 – 7 – 5113 – 1154 – 2
定　　价	/29.80 元

中国华侨出版社　北京朝阳区静安里 26 号通成达大厦 3 层　邮编 100028
法律顾问：陈鹰律师事务所
编辑部：（010）64443056　64443979
发行部：（010）64443051　传真：64439708
网　址：www.oveaschin.com
e – mail：oveaschin@sina.com

前言
Preface

  现代社会是一个高速发展的社会，随着竞争的进一步加剧，很多人都处于紧张忙碌的生活节奏中，白领阶层更是如此。

  忙无疑是勤奋的表现，是获得成果的前提，但任何事都具有两面性，唯乎适度，方为恰到好处，才能发挥出更好的效应。

  现实中不少人认为忙才是唯一，忙的生活才是有价值的生活；忙才能获得价值感和认同感；以至于忙成为很多人引以为荣的生活态度，这其实走入了认识误区。

  每个人想要获得成功，都需要付出一定的努力，需要运用好自己的时间，不虚度时光，但这不代表每天都应该忙得天昏地暗，成为工作机器，忙得忽略了家庭、亲情、爱人，忙得没有娱乐、丢掉了生活乐趣。

  处于如此状态，使自己没有了思考的空间，让自己沦为工具机器，而且只知道一味地忙却不注意方向、方法的大忙人反而会离成功越来越远。在为梦想奋斗之时，注重良好的品性培养，树立适宜的志向，拥有坚定的信念，做到处世灵活、机智等都可能帮助你更快地走向成功。

　　心理学家研究表明，短短几分钟的散步、冥想、听音乐，足以让人心情舒畅，甚至达到超越自我的精神境界。

　　高速行驶，随时都有生命危险，必要的时候，放慢脚步却可以使人生更加冷静。忙虽说是成功的必要条件，但若超出了身心的重负，必将会累垮自己，那么，再美妙的蓝图也难以企及，再美丽的憧憬也难以构建。

　　生活匆匆的大忙人们，当你感到身心疲惫，压力重重，似乎有点儿透不过气时，不妨停下来，缓一缓匆匆的脚步，松一松紧绷的心弦，去聆听一下自然，去沐浴一下阳光，看看路边的风景，品一杯香茗，感受人生的美妙。

目录
Contents

第一念　信念
——信念是克服困难的助力

信念是生命的动力／3

信念是理想的翅膀／6

再试一次／8

多坚持一秒钟／10

走向成功的快捷方式／12

挫折是你成功前的演习／15

黑暗中更易看到光明／18

等待事物自身的转变／20

这不是最棘手的问题／22

在时运不济时也永不绝望／28

歌声指引生命之路／31

一直努力向前迈进／34

从咖啡馆跑堂到奥运冠军 / 36

笨孩子也能走向成功 / 40

意志力是性格的核心力量 / 43

成功背后是持之以恒的精神 / 46

把模拟成功坚持成习惯 / 49

认为自己是最棒的 / 51

你一定能成为自己想成为的人 / 54

自卑之人无大成就 / 57

放下包袱，问题将会迎刃而解 / 59

不要被自己打败 / 61

对自己的目标充满信心 / 63

自己的命运自己做主 / 66

别让生活将你击倒 / 69

第二念　心态
——心态决定人生未来

幸好还不是最糟糕 / 73

生活给你的回报 / 76

不同的态度造就不同的未来 / 78

失去现有的也许会得到更好的 / 80

平常心面对不幸 / 82

让心灵永葆青春 / 84

有希望就有作为 / 86

心病比生理上的疾病危害更大 / 88

把缺点转化成发展自己的机会 / 90

在缺陷面前不退缩不消沉 / 93

努力克服自己的不幸 / 95

生活其实并不悲惨 / 98

原来我也很富有 / 100

最大的耻辱不是恐惧死亡，而是恐惧改变 / 102

只有心中的平静，才是自己可以主宰的平静 / 105

在了解真相之前莫冲动 / 107

不带着怒气做任何事 / 109

把逆境转为自我能忍受的事物 / 111

从失败中学到教训 / 113

屡败屡战 决不轻言放弃 / 115

第三念 人际
——不要一心只忙工作，人情练达方成功

认真经营人际关系 / 121

将生意让给对手 / 123

微笑能改变你的生活 / 126

长途车上的友谊 / 128

率先行动，赢得和谐的人际关系 / 130

想受人欢迎就要学会倾听 / 133

给对方一个痛哭的机会 / 135

摒弃自私狭隘的恶习 / 137

不要总期待别人手下留情 / 140

别让盲目的信任伤着自己 / 143

第四念　梦想
——梦想指引方向，忙也要看清目标

抽出空来看看路，让忙碌更有效 / 147

明确的目标才能取得卓越的成就 / 149

没有进取心的人永远不会成功 / 152

寻找前进的动力 / 154

梦想引导人生 / 157

目标要有可行性 / 159

计划不需要过分周密 / 161

分解目标，轻便走向成功路 / 164

了解自己到底想要干什么 / 166

坚持梦想就会成功 / 169

穷，也要站在富人堆里 / 172

理想远大你就不再卑微 / 175

雄鹰就要展翅飞翔 / 179

全力以赴地挑战命运 / 182

不要随意改变目标 / 187

一定要认清正确的方向 / 189

第五念　快乐
——人生就是要活得快乐

幸福并不复杂 / 193

找到自己满意的生活 / 195

寻找快乐的财富 / 197

没有时间生气 / 200

不要自寻烦恼 / 203

适可而止莫贪图 / 206

知足是寻求快乐的法宝 / 208

快乐是内心的富足 / 210

幸福由自己决定 / 213

为自己而活 / 216

助听器改变人生 / 219

生活其实很简单 / 222

生命的过程处处都有精彩 / 225

第一念　信念
——信念是克服困难的助力

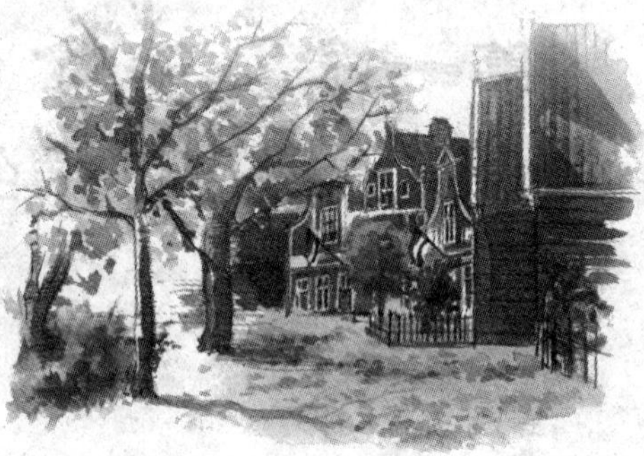

信念是生命的动力

故事一：

一场突然而至的沙暴，让一位独自穿行大漠者迷失了方向，更可怕的是干粮和水已用完，翻遍所有的衣袋，他只找到一个青苹果。

"哦，我还有一个苹果。"他惊喜地喊道。

他带着那个苹果，深一脚浅一脚地在大漠里寻找着出路。整整一个昼夜过去了，他仍未走出空旷的大漠，饥饿、干渴、疲惫却一起涌上来。望着茫茫无际的沙海，有好几次他都觉得自己快要支撑不下去了，可是看一眼手里的苹果，他抿抿干裂的嘴唇，便又增添了些力量。

顶着炎炎烈日，他又继续艰难地跋涉，已数不清跌倒几次，只是每一次他都挣扎着爬起来，踉跄着一点点儿地往前挪，他心中不停地默念着："我还有一个苹果，我还有一个苹果……"

三天后，他终于走出了大漠。

故事二：

有个叫阿巴格的人生活在内蒙古草原上。

有一次，年少的阿巴格和他爸爸在草原上迷了路，阿巴格又累又怕，到最后实在走不动了。

爸爸就从口袋里掏出五枚金币，把一枚金币埋在草地里，把其余四枚金币放在阿巴格的手上，他爸爸对阿巴格说："这五枚金币就相当于人生的五个阶段——童年、少年、青年、中年、老年，各个阶段都有一枚金币，你现在才用了一枚，就是埋在草地里的那一枚，但不要把金币都扔在草原里。

你可以把自己童年的金币这样埋进草地里，但是不要轻易地把其他的四枚都扔在这里。你要一点点儿地用，每一次都用出不同来，这样才不枉人生一世。

今天我们一定要走出草原，你将来也一定要走出草原。世界很大，人活着，就要多走些地方，多看看，不要让你的金币没有用就扔掉。"

在父亲的鼓励下，阿巴格终于又站了起来，他们终于走出了草原。

直到25岁那一年，阿巴格从电视上看到了大海，他做出了决定——走出草原。

他把第二枚金币埋在了草原，带着其余的三枚金币，只身一人乘车来到了佛罗里达，当了一名水手。他一生的梦想，就是能拥有一条可以远洋的100马力以上的铁船。为了这个梦想他一直在努力。

在他来到海上的第9个年头，他用攒下的钱买下了这条12马力的新木船。结果刚刚没多久，在一次带另外两位渔民出海时，木船出了故障。

他们在海上漂了七天六夜，船上什么吃的都没有，在几乎坚持不下去的时候，他给另两个伙伴讲了小时候的故事。

讲完以后他说："我还年轻，还有人生的三枚金币，不能就这么把它们扔到大海里，一定要活着回去！"结果就在这个故事讲完十多个小时后，他们竟真的活着回来了！在海上漂泊了七天七夜，船上没有任何食物，他们居然靠着船长小时候的故事，靠着坚韧的生存毅力活着回来了！

人生好运念

在生命的旅程中，我们常常遇到各种突如其来的挫折和困难，遭遇某些意想不到的困境。这时候要坚信没有穿不过的风雨，没有跋涉不过的险途，千万不要轻言放弃，信念就是黑暗中的灯塔，迷雾中的导航灯，只要心头有那盏希望之灯，总会渡过难关。

— 第一念　信念 —
信念是克服困难的助力

信念是理想的翅膀

多年前，一位穷苦的牧羊人领着两个年幼的儿子，以替别人放羊来维持生计。一天，他们赶着羊来到一个山坡上。这时，一群大雁高鸣着从他们头顶飞过，并很快消失在远处。

牧羊人的小儿子问他的父亲："大雁要往哪里飞？"

"它们要去一个温暖的地方，在那里安家，度过寒冷的冬天。"牧羊人说。

他的大儿子眨着眼睛羡慕地说："要是我们也能像大雁一样飞起来就好了，那我就要飞得比大雁还要高，去天堂，看妈妈是不是在那里。"

小儿子也对父亲说："做个会飞的大雁多好啊！那样就不用放羊了，可以飞到自己想去的地方。"

牧羊人沉默了一下，然后对儿子们说："只要你们想，你们也能飞起来。"两个儿子试了试，并没有飞起来。他们用怀疑的眼神看着父亲。

牧羊人说，让我飞给你们看。于是他飞了两下，也没飞起来。牧羊人肯定地说："我是因为年纪大了才飞不起来，你们还小，只要不断努力，就一定能飞起来，去想去的地方"。

儿子们牢牢记住了父亲的话，并一直不断地努力。随着年龄的增长，他们知道了父亲的话只是象征，并不是让他们像大雁一样飞起来。

人生好运念

在执著地追求下，理想一定会变成现实。坚定的信念与坚强的毅力是理想的两个翅膀，有许多理想看来只不过是梦想，让人觉得遥不可及，甚至是做白日梦，但在不懈的努力下她就会放飞你的梦想，创造生命奇迹。

第一念 信念——信念是克服困难的助力

再试一次

有个大学毕业生去面试，那是他第一次面试，也是他记忆最深刻的一次面试。

那天，他揣着一家著名广告公司的面试通知，兴冲冲地前去应聘。当时他很自信，他专业成绩好，年年都拿奖学金。到了那座大厦的一楼大厅时一看时间，还有十分钟。

广告公司在这座大厦的18楼。这座大厦管理很严，两位精神抖擞的保安分立在两个门口旁，他们之间的条形桌上有一块醒目的标牌："来客请登记。"学生上前询问："先生，请问1810房间怎么走？"

保安抓起电话，过了一会儿说："对不起，1810房间没人。"

"不可能吧，"学生忙解释，"今天是他们面试的日子，您看，我这儿有面试通知。"

那位保安又拨了几次："对不起，先生，1810还是没人，我们不能让您上去，这是规定。"

时间一秒一秒地过去。学生心里虽然着急，也只有耐心地等待，同时祈祷该死的电话能够接通。已经超过约定时间十分钟了，保安又一次彬彬有礼地告诉他电话没通。

这位刚毕业的大学生压根也没想到第一次面试就吃了这样的"闭门羹"。面试通知明确规定："迟到十分钟，取消面试资格。"这位学生犹豫了半天，只得自认倒霉地回到了学校。

晚上，这位学生收到一封电子邮件："X先生，您好！也许您还不知道，今天下午我们就在大厅里对您进行了面试，很遗憾您没通过。您应当注意到那位保安先生根本就没有拨号。大厅里还有别的公用电话，您完全可以自己询问一下。我们虽然规定迟到十分钟取消面试资格，但您为什么立即放弃却不再努力一下呢？……祝您下次成功！"

人生好运念

现实中成功和失败往往只有一步之遥。当你遇到挫折这道墙时，也许正是成功前的最后一道关卡，如果困难不可逾越，也要尝试着绕过去。一定要有"不到黄河心不死"的精神，再试一次，再努力坚持一下，也许你就会获得成功！

多坚持一秒钟

美国的海关里，有一批被没收的脚踏车，在公告后决定拍卖。

拍卖会中，每次叫价的时候，总有一个十岁出头的男孩喊价，他总是以五块钱开始出价，然后眼睁睁地看着脚踏车被别人用30、40元买去。拍卖暂停休息时，拍卖员问那小男孩为什么不出较高的价格来买。男孩说，他只有五块钱。

拍卖会又开始了，那位男孩还是给每辆脚踏车相同的价钱，然后又被别人用较高的价钱买去。后来聚集的观众开始注意到那个总是首先出价的男孩，他们也开始察觉到会有什么结果。

直到最后一刻，拍卖会要结束了。这时，只剩一辆最棒的脚踏车，车身光亮如新，有多种排档、十速杆式变速器、双向手刹车、速度显示器和一套夜间电动灯光装置。

拍卖员问："有谁出价呢？"

这时，站在最前面，而几乎已经放弃希望的那个小男孩轻声地再说一次："五块钱。"

拍卖员停止喊价，停下来站在那里。

这时，所有在场的人全部盯住这位小男孩，没有人出声，没有人举手，也没有人喊价。直到拍卖员喊价三次后，他大声说："这辆脚踏车卖给这位穿短裤白球鞋的年轻人！"

此话一出，全场鼓掌。当那个小男孩拿出握在手中仅有的五块钱钞票，买了那辆毫无疑问是世上最漂亮的脚踏车时，他脸上流露了从未见过的灿烂笑容。

不用说，这位男孩得到的脚踏车固然因为人们的爱心，但可以想象：如果他半途而废，如果他没坚持到最后呢？

人生好运念

也许你觉得没有希望了，似乎看到失败了，所以你放弃了，这往往就是成功者比失败者少的原因。不要放弃！每当放弃念头起来时就告诉自己"再坚持一秒"。就在一秒一秒地推移到最后，你会惊奇地发现你已经成功了。

第一念 信念
——信念是克服困难的助力

11

走向成功的快捷方式

故事一：

　　有一个年轻人好不容易找到了一份工作，被派到一个海上油田钻井队。首次在海上作业时，领班要求他在限定的时间内，登上几十公尺高的钻油台上，将一个包装盒子交给最顶层的一名主管。

　　于是，他小心翼翼地拿着盒子，快步登上狭窄的阶梯，将盒子交给主管。主管看也不看一眼，只是在盒子上签了个名，然后又叫他马上送回去。

　　他只好又快步地跑下阶梯，将盒子交给领班，领班同样也在盒子上面签了个名，又叫他送上去交给主管。他疑惑地看了领班一眼，但还是依照指示去做了。

　　第二次爬到顶层的他已经气喘吁吁，主管仍旧默不作声地在盒子上签了个名，示意他再送下去。这时他心中开始有些不悦，无奈地转身拿起盒子送下去。

他再度将盒子交给领班，领班依旧签了名后又让他再上去一趟，此时他已经有些发火，他瞪着领班强忍住不发作，抓起盒子生气地往上爬。

到达顶层时他已经全身湿透了。他将盒子递给主管，主管头也不抬地说："将盒子打开吧！"

此时他再也忍不住满腔的怒火，重重地将盒子摔在地上，然后大声吼道："老子不干了！"

这时主管站了起来，打开盒子拿出香槟，叹了口气对他说："刚才你所做的一切，叫做极限体力训练，因为我们在海上作业，随时可能会遇到突发的状况及危险，因此每一位队员必须具备极强的体力与配合度，以此来面对各种考验。好不容易前两次你都顺利过关，只差最后一步就可以通过了，实在很可惜！你是无法享受到自己辛苦带上来的香槟了。现在，你可以离开了！"

故事二：

开学第一天，一位老师对学生们说："今天我们只学一件最简单也是最容易的事。每人把手臂尽量往前甩，然后再尽量往后甩。"说着，老师示范了一遍。"从今天开始，每天做三百下。大家能做到吗？"学生们都笑了。这么简单的事，有什么做不到的？

过了一个月，老师问学生们："哪些同学确定做到每天甩手三百下？"有90%的同学骄傲地举起了手。

又过了一个月，老师又问，这回，坚持下来的学生只剩下80%。

一年过后，老师再一次问大家："请告诉我，最简单的甩手运动，还有哪几位同学坚持了？"

这时，整个教室里，只有一人举起了手。这个学生就是后来成为古希腊大哲学家的柏拉图。

人生好运念

最容易做的事也是最难做的事，最难做的事也是最容易做的事。其实，有许多事情并不简单，但因其透着新奇，一些人反而能做到善始善终；许多事情并不难，因为需要反反复复地去做就更显枯燥无味。成功常常隐藏在这些重复工作中，很多人不能坚持住就放弃了，所以，走向成功的唯一快捷方式就是持之以恒，成功只垂青于能坚持到最后的人。

挫折是你成功前的演习

有一个人生下来就一贫如洗，终其一生都在面对挫败。以下是他的部分简历：

17岁的时候，家人被赶出了居住的地方，他必须工作以抚养他们。

19岁的时候，母亲去世。

21岁的时候，经商失败。

22岁的时候，竞选州议员但落选了！也就是这一年，工作也丢了，想就读法学院，但进不去。

23岁的时候，向朋友借钱经商，但年底就再一次失败并破产，以致后来他用了16年的时间，才把债务还清。

24岁的时候，再次竞选州议员时他成功了！然而命运并未从此好起来。

26 岁的时候，这一年订婚，但是就在即将结婚时，未婚妻却死了，因此他的心也碎了，因此精神完全崩溃。

27 岁的时候，这一年卧病在床六个月。

28 岁的时候，他争取成为州议员的发言人没有成功。

31 岁的时候，争取成为选举人又失败了！

34 岁的时候，他参加国会大选再次落败！

37 岁的时候，再次参加国会大选时当选了！

39 岁的时候，寻求国会议员连任失败了！

40 岁的时候，想担任自己所在州的土地局长一职被拒绝了！

45 岁的时候，竞选美国参议员落选！

46 岁的时候，在共和党的全国代表大会上争取副总统的提名失败。

48 岁的时候，竞选美国参议员再度落败。

52 岁的时候，他当选美国第十六任总统。

这个人就是林肯。八次竞选八次落败，两次经商失败，甚至还精神崩溃过一次。

人生好运念

　　成功者是需要非凡的勇气和坚韧的毅力的。在每个人的成长道路上，有坦途，也有坎坷，有鲜花，也有荆棘。"自古雄才多磨难。"经历一些挫折并不是坏事情，感恩挫折吧，它可以给你经验，可以磨炼你的意志，可以锻炼你的勇气。

第一念　信念
——信念是克服困难的助力

黑暗中更易看到光明

有一个赶夜路的商人,在穿越一座山中的密林时,遇到了一个山贼拦路抢劫。商人立即逃跑,无奈山贼穷追不舍。在走投无路的时候,商人钻进了一个漆黑的山洞里,希望能躲过一劫,那山贼竟然也追进山洞里。

这是个迷宫一般的连环洞,然而在洞的深处,商人仍然未能逃过山贼的追逐。

黑暗中,商人被山贼逮住了,一顿毒打之后,身上所有的财物,包括一把夜间照明用的火把,统统被山贼抢劫去了。唯一走运的是山贼并没有要商人的命,或许是认为他没有了火把,在这样的山洞里是走不出去了吧。

山贼将抢来的火把点燃之后,独自走了,商人也摸索着爬了起来,两个人开始各自寻找着洞的出口。无奈的是这山洞极深极黑,而且洞中有洞,像布局一样,纵横交错,不知道的人永远也走不出去。

山贼有了火把照明，能够看清脚下的路，因而不会被石块绊倒；他也能看清周围的石壁，所以他也不会碰壁。

令人难以置信的是：他走来走去，始终走不出这个山洞，最后，他因力竭而死于洞中。

商人由于失去了火把，所以看不到眼前的路，只能在黑暗中摸索行走。因为几乎看不到一点点儿路，他不是碰壁就是被石块绊倒，跌得鼻青脸肿。

幸运的是，也正因为商人置身于黑暗之中，所以他的眼睛对光的感觉也就异常敏锐，他感受到了洞外透进来的极微弱的星光，迎着这缕微弱的希望之光摸索爬行，历尽艰辛后，终于逃离了山洞。

人生好运念

许多人往往被眼前耀眼的光明迷失了前进的方向，最后碌碌无为；而另外一些身处黑暗中的人却迎着那点儿微弱的希望，磕磕绊绊，最后走向了成功。在生命的漫漫征途中，不要因为一时的失意而心灰，也不要因为一时的迷茫而气馁，越是置身黑暗中的人就越有希望看到光明，只要不放弃，人生终会顺畅。失去眼前的火把，远处的星光也会为你指引出路。

第一念 信念——信念是克服困难的助力

等待事物自身的转变

一次,一个老和尚和一个小和尚经过一片森林,那一天非常炎热,而且是日正当午,老和尚觉得口渴,就告诉小和尚:"我们不久前曾跨过一条小溪,你回去帮我取一些水来。"

小和尚回头去找那条小溪,但小溪实在太小了,有一些车子经过,溪水被弄得很污浊,水不能喝了。

于是小和尚回来告诉老和尚:"那小溪的水已变得很脏而不能喝了,我们继续向前走,我知道有一条河离这儿才几里路。"

老和尚说:"不,你还是回到刚才那条小溪去。"

小和尚表面遵从,但内心并不服气,他认为水那么脏,只是浪费时间白跑一趟。他走了一半路,又跑回来说:"您为什么要坚持?"

老和尚不加解释,语气坚决地说:"你再去。"

小和尚只好遵从。当他再来到那条溪流旁,那溪水就像它原来那么清澈、纯净——泥沙已经流走了，小和尚笑了，提着水跳着舞回来，拜在老和尚脚下说："师父，您给我上了伟大的一课，没有什么东西是永恒的，只需要耐心。"

人生好运念

　　你也做过努力了，也无法再改变自己了，而且也没有其他的办法了，但依然不要放弃。因为不变是相对的，变化是绝对的，事物是在不停发展变化的。只要耐心等待，没有什么东西是亘古不变的。所以只要你有耐心，事情就一定会有转机。

第一念 信念
——信念是克服困难的助力

这不是最棘手的问题

通常在心理学家考克斯讲演完后，总有人来找他说："嗨！我现在的处境糟糕透了，我必须好好和你谈谈。"

考克斯此时就会反问他们："这难道是你一生中最艰难的时刻吗？"这往往让他们无语而陷入沉思。

"不是，"他们往往答道，"现在这个远不及最困难的时候。"

"那好，"考克斯接着说，"如果我们用你渡过最艰苦时刻的状态去应付现在的话，你将会很快渡过面前的这个难关。"

在这方面，考克斯有切身的经历（他曾经是飞行员）。那是一次冬季飞行，考克斯突然感到飞机上比自己想象的要热一些。

考克斯开的飞机上的除冻器是将空气从热的发动机带出

来——这和汽车上刚好相反。

这些空气通过一个弯曲的加热管道然后以很高的温度喷向座舱，尽管其中混杂了周围的空气，但它还是使座舱越来越热，远超过你能忍受的程度，所以你不能让除冻器运行时间超过你想要的时间。

不久，考克斯注意到座舱越来越热，他伸手过去想关掉开关，但是他发现它已经是关闭状态。

系统出故障了，无论考克斯怎样做，都有越来越多的热空气奔向驾驶舱。没有办法控制温度。那时，他们正飞行在恶劣的冬日风雪中——暴风、大雪、冰雹等等，外面情况险恶，里面还有一个更大的问题，热气在座舱中肆虐，他却毫无办法。

考克斯发信号给控制台，解释自己的处境，他决定不飞原定的目的地密西根，而是应当尽快返回他们起飞的地方。

考克斯找到一个安全的区域，在控制台的允许下作低空飞行。那样他就可以尽快用掉燃料而返航（飞机带着满满的燃料在结冰的跑道上降落是很危险的，因为冰上的高速降落会将飞机超重的部分抛出去。那时还有大约四吨燃料要用完）。那时所有的热气涌入座舱，热得考克斯几乎无法进行思考。

降到低空后，考克斯做了个270°大旋转，并做了一些技巧动作来加快耗掉燃料。点燃后燃器，而后将它关掉，同时又将油门推回到后燃器位置，这样燃烧器不会再被点燃，但多余的燃料会从尾管中源源不断地排出去。这可能是"最差"的卸掉燃料的方法了。

突然，座舱充满了烟雾，考克斯的双眼开始流泪。除冻器也受不了高温，开始燃烧。

考克斯快要脱水了！那时他真想将驾驶舱顶篷"弹"掉来逃离热气，但恶劣的天气仍会使无顶篷的着陆危险不堪，因而座舱的炼狱还必须继续着。

飞机的燃料耗得差不多了，考克斯和将要着陆的机场联系，想直接飞回机场。人人都知道这很危险，因而考克斯征求地面控制台的意见。

地面控制台告诉考克斯，由于机场风雨突然反向，着陆必须和平常的方向相反。他们正匆忙计算一些数据，当时还无法给他一些降落的信息。考克斯的眼睛开始刺痛，眼泪已让他无法看东西了，幸运的是呼吸还没有问题，因为有氧气罩。

最后，地面控制台开始指引他降落。考克斯什么也看不见，云雾几乎笼罩着地面，他们让考克斯从最小倾斜度降落，那样如果低空没有云层的话，可以再兜一圈重试。考克斯冲出了云层，但前方却没有跑道。跑道在他左边三百公尺处，一切危险都到齐了，本不应该发生的都在今天来了。

考克斯把操纵杆向前推，飞机上升，又飞回了云层。

"让我们告诉你如何做，"地面控制台说道，"我们来告诉你同时转向及转多少度角，以及何时离开。"考克斯仔细按照他们的指示去做。

他在风雪中如瞎子般盲目飞翔着，祈祷来自地面的声音能让自己从云层中钻出来，出来时一个长而美的跑道能够正好展现在自己的面前。

第二次，恰好考克斯飞到一个云层开裂处，他能看见了——否则只好重来——穿过云层，他能分辨出自己所处的位置，很好，这次我只是偏右了50公尺，他立即向左转了个70°的大弯……好了，这次正对着跑道。

但是此时，考克斯已经快到了跑道的尽头了，如果他试着降落的话，到跑道尽头处，飞机肯定还会有很高的速度——这不是个太好的主意。

这时，考克斯想起了这样一句话："如果你没有选择的话，那么就勇敢迎上去。"除了将飞机拉起来盘旋一圈后再来一次，他别无选择。

再试一次是很危险的，因为有很多细小的东西要校对，那一刻，考克斯毫无遗漏地照控制台发给自己的指引去做。现在有个好现象，就是座舱开始变凉快了，因为除冻器已经报销了。

但此时，考克斯又陷入燃料耗尽的困境中，他开始后悔放掉了那么多燃料，他只剩下再来一次的燃料。他呼叫："如果此次我还不成功的话，给我指定一个人烟稀少的区域，我将跳伞。"

考克斯又来了一次，这次，当他还在云层中时，控制台就告诉他太靠左了，于是，他又向右转了一些。

但是控制台又重复道："你太靠右了，立即向左稍转！"考克斯还是看不到跑道。但基于两次右转尝试，他想："我可能已经到了正确位置，凭感觉我不想再改变位置了。"

很多时候我们都要决定是听取别人的建议还是相信自己的感觉。考克斯飞快地做了选择。一旦做完选择，他就会面临三个结果：五秒钟内，他可能在跑道上，可能在降落伞上，还可能死去。考克斯当然选择降落在跑道上。毫无疑问，他根本就不想跳伞。

当考克斯冲出云层时，跑道正摆在他面前。飞机着陆了，就在考克斯将飞机停下来时，发动机自动熄火了，燃料已用尽了。

回过头来看看，如果这期间考克斯沉浸在浪费时间和精力来抱怨该死的情况的话，他会毁了自己和飞机。幸运的是，考克斯没有抱怨，而是泰然处之。

此后，每当遇到困难和低沉时，考克斯总是对自己说："是的，这难道比那次空中遇险还要糟吗？当然不！我想如果那时我能挺过来，什么事我都会挺住的。"

人生好运念

　　我们总有将摆在我们面前的问题，看成是自己遇到的最严重问题的习惯，这时我们应该想想这样的判断是否正确。下次你们遇到了大难题时问问自己："这是不是我所遇到的最棘手的问题？这个难题和我曾遇到的最大难题相比如何？"如果这次的难题比过去的更棘手，通常你渡过难关的几率越高。

——第一念 信念——
信念是克服困难的助力

在时运不济时也永不绝望

艾柯卡曾是美国福特汽车公司的总经理,后来又成为了克莱斯勒汽车公司的总经理。作为一个聪明人,他的座右铭是:"奋力向前。即使时运不济,也永不绝望,哪怕天崩地裂。"

他1985年发表的自传,成为非小说类书籍中有史以来最畅销的书,印数高达150万册。

艾柯卡不光有成功的欢乐,也有挫折的懊丧。他的一生,用他自己的话来说,叫做"苦乐参半"。1946年8月,21岁的艾柯卡到福特汽车公司当了一名见习工程师。但他对和机器做伴、做技术工作不感兴趣。他喜欢和人打交道,想搞经销。

艾柯卡靠自己的奋斗,由一名普通的推销员,终于当上了福特公司的总经理。

但是,1978年7月13日,他被妒火中烧的大老板亨利福特开除了。当了8年的总经理、在福特公司工作已32年、一帆风顺、从来没有在别的地方工作过的艾柯卡，突然间失业了。昨天他还是英雄，今天却好像成了麻风病患者，人人都远远地避开他，过去公司里的所有朋友都抛弃了他，这是他生命中最大的打击。

"艰苦的日子一旦来临，除了做个深呼吸，咬紧牙关尽其所能外，实在也别无选择。"艾柯卡是这么说的，最后也是这么做的。他没有倒下去。他接受了一个新的挑战：应聘到濒临破产的克莱斯勒汽车公司出任总经理。

艾柯卡，这位在世界第二大汽车公司当了8年总经理的事业上的强者，凭他的智慧、胆识和魄力，大刀阔斧地对企业进行了整顿、改革，并向政府求援，舌战国会议员，取得了巨额贷款，重振企业雄风。

1983年8月15日，艾柯卡把面额高达8.1亿美元的支票，交给银行代表手里。至此，克莱斯勒还清了所有债务。而恰恰是5年前的这一天，亨利·福特开除了他。

如果艾柯卡不是一个坚忍的人，不敢勇于接受新的挑战，在巨大的打击面前一蹶不振、偃旗息鼓，那么他和一个普通的下岗职工就没有什么区别了。正是有不屈服挫折和命运的挑战精神，使艾柯卡成为了一个世人所敬仰的英雄。

——第一念 信念——
信念是克服困难的助力

人生好运念

　　一个人不可能总是一帆风顺的。不利的局面常常将你的雄心壮志淹没，但是你愿意做这样一个碰到挫折就轻易放弃的失败者吗？还是永远充满斗志，永远充满希望的奋斗者呢？时运不济时不绝望就是一种伟大的希望。

歌声指引生命之路

1920年10月，一个漆黑的夜晚，在英国斯特兰腊尔西岸的布里斯托尔湾的洋面上，发生了一起船只相撞事件。一艘名叫"洛瓦号"的小汽船跟一艘比它大十多倍的航班船相撞后沉没了，104名搭乘者中有11名乘务员和14名旅客下落不明。

督察官马金纳从下沉的船身中被抛了出来，他在黑色的波浪中挣扎着。救生船这时为什么还不来？他觉得自己已经气息奄奄了。

渐渐地，附近的呼救声、哭喊声低了下来，似乎所有的生命全被浪头吞没，死一般的沉寂在周围扩散开去。

就在这令人毛骨悚然的寂静中，突然——完全出人意料，传来了一阵优美的歌声。那是一个女人的声音，歌曲丝毫也没有走调，而且也不带一点儿哆嗦。那歌唱者简直像面对着客厅里众多的来宾在进行表演一样。

马金纳静下心来倾听着，一会儿就听得入了神。教堂里的赞美诗从没有这么高雅；大声乐家的独唱也从没有这般优美。

寒冷、疲劳刹那间不知飞向了何处，他的心境完全复苏了。他循着歌声，朝那个方向游去。

靠近一看，那儿浮着一根很大的圆木头，可能是汽船下沉的时候漂出来的。几个女人正抱住它，唱歌的人就在其中，她是个很年轻的女孩。大浪劈头盖脸地打下来，她却仍然镇定自若地唱着。

在等待救生船到来的时候，为了让其他妇女不丧失力气，为了使她们不致因寒冷和失神而放开那根圆木头，她用自己的歌声给她们补充精神和力量。

就像马金纳借助女孩的歌声游靠过去一样，一艘小艇终于穿过黑暗驶了过来。于是，马金纳和那唱歌的女孩，以及其余的妇女都被救了上来。

人生好运念

比地大的是天空，比天大的是人心。心胸豁达的人是真正的强者，乐观则是他们的情绪体验。乐观的人即使事情变糟了，也能迅速作出反应，找出解决的办法，确定新的生活方案。乐观的人不会对事业表现出失望、绝望，他们能应付生活险境，掌握自己的命运，就像那女孩的歌声一样在几乎绝望的情况下开辟出一条生命之路。

——第一念 信念——
信念是克服困难的助力

一直努力向前迈进

一位熨衣工人住在拖车房屋中,薪水微薄。他的妻子上夜班,不过即使夫妻俩都工作,赚到的钱也只能勉强糊口。由于他们的小孩耳朵发炎,只好连电话也拆掉,省下钱去治病。

这位工人希望成为作家,夜间和周末都不停地写作,打字机的劈啪声不绝于耳。每个月的大部分余钱全部用来付邮费,寄原稿给出版商和经纪人。但是他的作品全给退回了。退稿信很简短,非常公式化,他甚至不敢确定出版商和经纪人究竟有没有真的看过他的作品。

一天,他读到一部小说,令他记起了自己的某本作品,他把作品的原稿寄给那部小说的出版商,他们把原稿交给了编辑汤姆森。

几个星期后,他收到汤姆森的一封热诚亲切的回信,说原稿的瑕疵太多。不过汤姆森确信他有成为知名作家的希望,并鼓励他再试试看。

在此后18个月里，他再给编辑寄去两份原稿，但都退还了。他开始试写第四部小说，不过由于生活逼人，经济上左支右绌，他开始放弃希望。

一天夜里，他把原稿扔进垃圾桶。第二天，他妻子把它捡了回来。"你不应该中途而废，"她告诉他，"特别在你快要成功的时候。"

他瞪着那些稿纸发愣，也许他已不再相信自己，可是他妻子却相信他会成功，一位他从未见过面的纽约编辑也相信他会成功，因此每天他都写1500字，写完之后，他把小说寄给汤姆森，不过他以为这次又会失败。

但是他错了！汤姆森的出版公司预付了2500美元给他，于是史蒂芬·金的经典恐怖小说《魔女嘉莉》诞生了。这本小说后来卖了500万册，并拍成电影，成为1976年最卖座的电影之一。

人生好运念

没有人能一步登天，每个成功者都曾一步一个脚印的长途跋涉过，无论多少荆棘遮路，成功不仅需要有超乎常人的奋斗精神，更需要绝不放弃地坚持等待机会，这是几乎概括大部分成功之路的定律。

第一念 信念——信念是克服困难的助力

从咖啡馆跑堂到奥运冠军

阿兰·米穆是一位历经辛酸、从社会最底层拼搏出来的法国当代著名长跑运动员、法国一万公尺长跑纪录创造者、第十四届伦敦奥运会一万公尺赛亚军、第十五届赫尔辛基奥运会五千公尺亚军、第十六届墨尔本奥运会马拉松赛冠军,后来在法国国家体育学院执教。

米穆出生在一个相当寒酸的家庭。从孩提时代起,他就非常喜欢运动。可是,家里很穷,他甚至连饭都吃不饱。这对任何一个喜欢运动的人来讲都是颇为难堪的。

例如,踢足球,米穆就是光着脚踢的。他没有鞋子。他母亲好不容易替他买了双草底帆布鞋,为的是让他去学校念书有可以穿的。如果米穆的父亲看见他穿着这双鞋子踢足球,就会狠狠地揍他一顿，因为父亲不想让他把鞋子穿破。

十一岁半时，米穆已经有了小学毕业文凭，而且评语很好。他母亲对他说："你终于有文凭了，这太好了！"可怜的妈妈去为他申请助学金。但是，遭到了拒绝！

这是多么不公平啊！他们不给米穆助学金，却把助学金给了比他富有得多的殖民者的孩子们。

基于这样的不公平，米穆心里想："我是不属于这个国家的，我要走。"可是去哪里呢？米穆知道，自己的祖国就是法国。他热爱法国，他想了解它。但怎么去了解呢？他实在太穷了，根本没有深入了解祖国的机会。

为了有钱念书，米穆到咖啡馆当服务生。他每天要一直工作到深夜，但还是坚持练习长跑。每天早上五点钟就得起来，累得他脚跟都发炎脓肿了。总之，为了有碗饭吃，米穆是没有多少工夫去训练的。但是，他还是咬紧牙关报名参加了法国田径冠军赛。

米穆仅仅进行了一个半月的训练。他先是参加了一万公尺冠军赛，可是只得了第三名。第二天，他决定再参加五千公尺比赛。幸运的是，他得了第二名。就这样，米穆被选中并被带进了伦敦奥林匹克运动会。

对米穆来说，这简直是不可思议的事情！他在当时甚至还不知道什么是奥林匹克运动会，也从来想象不到奥运会是如此宏伟壮观。全世界好像都凝缩在那里了。不过，在这个时刻，

第一念 信念——信念是克服困难的助力

最重要的是,他知道自己是代表法国。他为此感到高兴。

但是,有些事情让米穆感到不快。那就是,他并没有被人认为是一名法国选手,没有一个人看得起他。比赛前几小时,米穆想请人替自己按摩一下。于是,他很不好意思地去敲了敲法国队按摩医生的房门,进去后,按摩医生转身对他说:"有什么事吗?"

米穆说:"先生,我要跑一万公尺,您是否可以助我一臂之力?"

医生一边继续为一个躺在床上的运动员按摩,一边对他说:"抱歉,我是派来为冠军们服务的。"

米穆知道,医生拒绝替自己按摩,无非就是因为自己不过是咖啡馆里的服务生。

那天下午,米穆参加了对他来讲是有历史意义的一万公尺决赛。他当时仅仅希望能取得一个好名次,因为伦敦那天的天气异常干热,很像暴风雨的前夕。

比赛开始了。同伴们一个接一个地落在他的后面。他成了第四名,随后是第三名。很快地,他发现,只有捷克著名的长跑运动员跑在他前面进行冲刺。米穆终于取得了第二名。

米穆就是这样为法国和为自己争夺到了第一枚世界银牌的。

然而,最使米穆感到难受的,还是当时法国的体育报刊和新闻记者。他们在第二天早上便在边打听边嚷嚷:"那个跑了第二名的家伙是谁呀?啊,一定是北非人。天气热,他就是因为天热而得到第二名的!"瞧瞧,多令人心酸!

　　米穆感到欣慰的是,在伦敦奥运会四年以后,他又被选中代表法国去赫尔辛基参加第十五届奥运会了。在那里,他打破了一万米法国纪录,并在被称之为"本世纪五千公尺决赛"的比赛中,再一次为法国赢得了一枚银牌。

　　随后,在墨尔本奥运会上,米穆参加了长跑马拉松比赛。他以一分四十秒跑完了最后四百公尺。终于成了奥运会冠军!

　　他不用再去咖啡馆当服务生了。可是,米穆却说:"我喜欢咖啡,喜欢那种香醇,也喜欢那种苦涩……"

人生好运念

　　只要自己的信心不倒,不利的环境并不能阻碍一个人的发展。而且在逆境中,在得不到人们的支持的情况下实现自己的理想,是一种更加激励人生的成功。

——第一念 信念——
信念是克服困难的助力

笨孩子也能走向成功

从小到大，比特做什么事情都比别的孩子慢半拍，同学讥笑他笨，老师说他不努力，无论他怎么试图去做好、去改变自己，但是，他却从来也做不对。

直到比特上了九年级后，才被医生诊断出患有动作障碍症。高中毕业时，比特申请了十所最最一般的学校，心想怎么也会有一所学校录取他。可直到最后，他连一份通知书也没有收到。

后来，比特看了一份广告，上面写着："只要交来250美元，保证可以被一所大学录取。"结果他付了250美元，有一所大学真的给他寄来了录取通知书。

看到这所大学的名字，比特即刻想起了几年前，一份报纸上写着有关这个大学的文章："这是一所没有不及格的学校，只要学生的爸爸有钱，没有不被录取的。"

当时比特只有一个信念："我要用未来去证实这个错误的说法。"在这个大学上了一年后，比特就转到另一所大学，大学毕业后，他进入了房地产行业。22岁时，他开了一家属于自己的房地产公司。

从此，在美国的4个州，他建造了近一万座公寓，拥有900家连锁店，资产数亿美元。后来，比特又进入到银行业，做起了大总裁。

一位"笨"孩子，他是怎么走向成功的呢？下面三点就是比特自己讲述的。

第一，每个人都有自己最强的一项，有人会写，有人会算，对有些人难的，对另一些人简直容易得如"小菜一碟"。我想强调的是：一定要做最适合自己的事情，不要迎合别人的口味而去做一件不属于自我，但是又要付出一生代价的"难事"。

第二，我非常幸运有如此谅解我、对我容忍又耐心的父母，如果有一个考题，别人只花15分钟，而我必须用两个小时完成的时候，我的父母从来不会因此而打击我。对于我的父母来说，只要自己的儿子尽力而为了，就是他们的目的。

第三，我从不跟自己的同班同学竞争，如果我的同学又高又大，跑得很快，而我又小又矮，为什么一定要跟他们比呢？知道自己在哪里可以停止，这非常重要。

我也曾经问过自己千百次，为什么别人可以学习得轻松？为什么我永远回答不了问题？为什么我总要不及格？当知道自己的病症以后，我得到了专业人士的关爱和解释。理解自己和理解周围，非常重要。

人生好运念

笨不要紧，要紧的是付出汗水和努力。意识到自己笨，正是聪明的开始；意识到自己笨，所以要努力，是迈向成功的开始；意识到自己笨，所以要付出超常的努力，是取得成功的开始；意识到自己笨，所以不仅仅需要超常的努力，更需要心平气和地给自己足够的耐心。

意志力是性格的核心力量

柏克斯顿曾经是一个头脑简单、四肢发达的顽童，他的与众不同之处就在于他坚强的意志力，这种意志力在他幼年曾表现为喜欢暴力、飞扬跋扈和固执己见。

他自幼丧父，所幸的是他母亲很有见识。他母亲敦促他磨炼自己的意志，在强迫他服从的同时，对一些可以让他自己去做的事，她总是鼓励他自己拿主意。

他母亲坚信如果加以正确引导，形成一个有价值的目标的坚强意志，对一个人来说是最难能可贵的质量。

当有人向她谈及儿子的任性时，她总是淡然地说："没关系的，他现在是固执任性，你会看到最后会对他有好处的。"当柏克斯顿处于形成正义还是邪恶的人生目标这一个人人生历程的紧要关头时，他幸运地与一个家庭以良好的社会品行著称的姑娘结了婚。

意志的力量在他小时候使他成为一个难以管束的顽童，但现在却使他从事什么工作都不知疲倦并且精力充沛。

当时身为酿酒工的他不无得意地说："我可以先酿一个小时的酒，再去做数学题，再去练习射击，而且每件事都能聚精会神地去做。"

当他成为一个酿酒公司的经理后，事无巨细他都过问，使公司的生意空前兴隆。即便是在工作非常繁忙的情况下，他仍然每天晚上坚持勤奋自学，研究和消化孟德斯鸠等人关于英国法律的评论。

他读书的原则是："看一本书决不半途而废"，"对一本书不能融会贯通熟练运用，就不能说已经读完"，"研究任何问题都要全身心地投入。"

后来，柏克斯顿幸运地跻身于英国议会。在他刚刚步入社会时，他目睹了奴隶贸易和奴隶制度的种种黑暗，便下定决心把解决奴隶的问题作为自己最大的人生目标。

在他进入英国议会后，他更是把在英国的本土及殖民地上彻底实现奴隶的解放作为自己的奋斗目标，并矢志不渝地努力、奋斗。废除英国本土及其殖民地上的奴隶贸易及奴隶制度，既要与传统势力斗争，又要与维护自身利益的贵族斗争，这项推动历史进程的工作，其艰难可想而知，但柏克斯顿做到了。

事实上，在每一种追求中，作为成功的保证，与其说是才能，不如说是不屈不挠的意志。

因此，意志力可以定义为一个人性格特征中的核心力量，概而言之，意志力就是人本身。意志力是人的行动的动力之源。真正的希望以它为基础，而且，它就是使现实生活绚丽多彩的希望。

人生好运念

一个人如果下决心要成为什么样的人，或者下决心要做成什么样的事，那么，意志或动机的驱动力会使他心想事成，如愿以偿。

——第一念 信念——
信念是克服困难的助力

成功背后是持之以恒的精神

全国著名的推销大师即将告别他的推销生涯，应行业协会和社会各界的邀请，他将在该城中最大的体育馆，作告别职业生涯的演说。

那天，会场座无虚席，人们在热切地、焦急地等待着那位当代最伟大的推销员作精彩的演讲。当大幕徐徐拉开，舞台的正中央吊着一个巨大的铁球。为了这个铁球，台上搭起了高大的铁架。

一位老者在人们热烈的掌声中，走了出来，站在铁架的一边。他穿着一件红色的运动服，脚下是一双白色胶鞋。人们惊奇地望着他，不知道他要做出什么举动。

这时两位工作人员，抬着一个大铁锤，放在老者的面前。主持人对观众讲：请两位身体强壮的人，到台上来。

好多年轻人站起来，转眼间已有两名动作快的跑到台上。

老人这时开口和他们讲规则，请他们用这个大铁锤，去敲打那个吊着的铁球，直到把它荡起来。

一个年轻人抢着拿起铁锤，拉开架势，抡起大锤，全力向那吊着的铁球砸去，一声震耳的响声，那吊球动也没动。他就用大铁锤接二连三地砸向吊球，很快他就气喘吁吁。

另一个人也不甘示弱，接过大铁锤把吊球打得叮当响，可是铁球仍旧一动不动。台下逐渐没了呐喊声，观众好像认定那是没用的，就等着老人作出解释。

会场恢复了平静，老人从上衣口袋里掏出一个小锤，然后认真地，面对着那个巨大的铁球。

他用小锤对着铁球"咚"敲了一下，然后停顿一下，再一次用小锤"咚"敲了一下。人们奇怪地看着，老人就那样"咚"敲一下，然后停顿一下，就这样持续不停。

10分钟过去了，20分钟过去了，会场早已开始骚动，有的人干脆叫骂起来，人们用各种声音和动作发泄着他们的不满。老人仍然一小锤一小锤不停地工作着，他好像根本没有听见人们在喊叫什么。人们开始愤然离去，会场上出现了大片大片的空缺。留下来的人们好像也喊累了，会场渐渐地安静下来。

大概在老人进行到40分钟的时候，坐在前面的一个妇女突然尖叫一声："球动了！"刹那间会场立即鸦雀无声，人们聚精会神地看着那个铁球。

那球以很小的幅度摆动了起来，不仔细看很难察觉。老人

——第一念 信念——
信念是克服困难的助力

47

仍旧一小锤一小锤地敲着，人们都看到了那被小锤敲打的吊球动了起来。吊球在老人一锤一锤地敲打中越荡越高，它拉动着那个铁架子"哐、哐"作响，它的巨大威力强烈地震撼着在场的每一个人。

终于，场上爆发出一阵阵热烈的掌声。在掌声中，老人转过身来，慢慢地把那把小锤揣进兜里。

老人开口讲话了，他只说了一句话：在成功的道路上，你没有耐心去等待成功的到来，那么，你只好用一生的耐心去面对失败。

人生好运念

成功往往需要日复一日地重复一项项单调的、枯燥乏味的工作。如果没有持之以恒的精神，没有耐心做下去，那么可能只得面对失败。"锲而舍之，朽木不折，锲而不舍，金石可镂"，不论做什么事，只有持之以恒地坚持下去，才可能最后达到目的。绳锯木断，水滴石穿，成功的背后常常是千百万的重复和枯燥，但这些重复工作一旦坚持到最后，就能发生质的飞跃。

把模拟成功坚持成习惯

　　一个中学的篮球队做了一个实验，把水平相似的队员分为两个小组，告诉第一个小组停止练习，自由投篮一个月；第二组在一个月中每天下午在体育馆练习一小时；第三组在一个月中每天在自己的想象中练习一个小时投篮。

　　结果，第一组由于一个月没有练习，投篮平均水平由39%降到37%，第二组由于在体育馆坚持了练习，平均水平由39%上升到41%，第三组在想象中练习的队员，平均水平却由39%提高到百42.5%。

　　这真是很奇怪！在想象中练习投篮怎么能比在体育馆中练习投篮要提高得快呢？

　　很简单，因为在你的想象中，你投出的球都是中的！成功者就是这样，在办公室、运动场不断地锻炼着自己，他们创造或模拟他们想要获得的经历，他们模拟成功，并坚信自己也属于其中的一员。成功者就属于这样"表里如一"的人们。

调查数据显示，世界上许多卓越的成功者，几乎每个人都是心理模拟方面的大师。他们懂得让自我修养处于不断地提高中，他们虽然有时没有工作，但他们在不停顿地练习中使自己对待艰苦的工作的意志更为坚强了。他们知道想象是最好的工具，想象是成功者的天地。

人生好运念

成功者从来不半途而废，成功者从来不投降，成功者们不断鼓励自己、鞭策自己，并反复去实践，直到成功。为了成功，不妨在睡觉前练习，在醒来后练习，在广场上练习，在汽车中练习，让模拟成功成为你的习惯！

认为自己是最棒的

有一个孤儿,向高僧请教如何获得幸福,高僧指着块陋石说:"你把它拿到集市去,但无论谁要买这块石头你都不要卖。"

孤儿来到集市上卖石头,第一天、第二天无人问津,第三天有人来询问。第四天,石头已经能卖到一个很好的价钱了。

高僧又说:"你把石头拿到石器交易市场去卖。"

第一天、第二天人们视而不见,第三天,有人围过来问,以后的几天,石头的价格已被抬得高出了石器的价格。高僧又说:"你再把石头拿到珠宝市场去卖……"

你可以想象得到,又出现了哪种情况,甚至于到最后,石头的价格已经比珠宝的价格还要高了。

其实世上人与物皆如此,如果你认定自己是一个不起眼的陋石,那么你可能永远只是一块陋石;如果你坚信自己是一块无价的宝石,那么你可能就会磨砺成一块宝石。

每个人的本性中都隐藏着信心,高僧其实就是在挖掘孤儿的信心和潜力。信心是一股巨大的力量,只要有一点点儿信心就可能产生神奇的效果。

信心是人生最珍贵的宝藏之一,它可以使你免于失望;使你丢掉那些不知从何而来的黯淡的念头;使你有勇气去面对艰苦的人生。

相反,如果丧失了这种信心,则是一件非常可悲的事情,你的前途之门似乎被关闭了,它使你看不见远景,对一切都漠不关心,使你误以为自己已经不可救药了。

信心是人的一种本能,天下没有一种力量可以和它相提并论。所以,有信心的人,也会遭遇挫折危难,但他不会灰心丧气。自信使你能够感觉到自己的能力,其作用是其他任何东西都无法替代的。

坚持自己的理念,有信心依照计划行事的人,比一遇到挫折就放弃的人更具有优势。

有一位顶尖的保险业务经理,要求所有的业务员,每天早上出门工作之前,先在镜子前面用五分钟的时间看着自己,并且对自己说:"你是最棒的保险业务员,今天你就要证明这一点,明天也是如此,一直都是如此。"

经过这位业务经理的安排,每一位业务员的丈夫或妻子,在他们的爱人出门工作之前,都以这一段话向他们告别:"你是最棒的业务员,今天你就要证明这一点。"

人生好运念

命运永远掌握在强者手中，也许你曾经失去过，但失去后，你学会了珍惜；也许你曾失败过，但失败后，你学会了坚强；也许你相貌平平，也许一无所长，但你不应该自卑，也许在某方面你存在着惊人的潜力，只是你并没有发觉罢了。正视自己，更深层地挖掘潜力，相信天生我材必有用，是金子就一定会发光。你不应该抱怨，你也没有理由抱怨命运，你所遇到的困难与挫折都是命运对你的一种考验。

——第一念 信念——
信念是克服困难的助力

你一定能成为自己想成为的人

以前有个书生,屡试不第。适逢开科,书生想去应试。走前的一天晚上,书生做了三个怪梦,非常疑惑,不知功名是否有望,特地去找善于圆梦的岳母解说。

到了岳母家,刚好岳母外出,姨妹接待他说:"小妹我也能圆梦,有些难解之梦,母亲还来求我呢!"

书生犹豫片刻,说:"我第一个梦是梦见我家的墙头上孤零零地长了一棵芦苇。"

姨妹解释说:"这是说你'头重脚轻根底浅'没有根基。"

书生又说:"第二个梦,是梦见我骑着马在城墙上跑。"

姨妹又解释道:"人家马都在宽广的马路上跑,你却上墙上去，前途无路呀。"

书生听了很扫兴。姨妹又问："第三个梦呢？"

书生便说："恐有冒犯，不说罢了。"

姨妹说："自家人面前，不必拘礼但说无妨。"

书生说："第三个梦，是梦见我和你睡在床上，但背靠背。"

姨妹甩手给了书生一巴掌，说："癞蛤蟆想吃天鹅肉，你这辈子休想。"

书生听罢十分懊恼，看来今生功名无望，失望而归。

走到半路，正好遇见岳母，岳母问："要去赶考了，干嘛垂头丧气的？"于是就把自己做的三个梦和姨妹圆的梦告诉了她。

岳母听后非常高兴，连说好兆。

书生不解，岳母回答说："第一个梦，墙头上孤零零地长了一棵芦苇，是说你一枝独秀；第二个梦，骑着马在城墙上跑是说你马到成功。"

书生眉头渐展，急忙问："第三个梦又作何解释呢？"岳母回答："那是说你是该翻身的时候了。"

书生听了，喜上眉梢。回家收拾好行李立即进京应试，果然高中。

人生好运念

　　生命是一张白纸，生活是一幅画，画家是自己，想要什么样的画面要自己去画。相信自己就能战胜心灵的魔障，只要你对未来充满信心，就没有什么是不可能的。只要信心充沛，你就会拥有巨大的潜能可挖掘。

自卑之人无大成就

　　松下电器公司招聘一批基层管理人员，采取笔试与面试相结合的招聘方法。计划招聘 15 人，面试的却有几百人。

　　经过一周的考试和面试之后，通过电子计算器计分，选出了 15 位佼佼者。当松下幸之助将录取者一个个过目时，发现有一位成绩特别出色、面试时给他留下深刻印象的年轻人未在 15 位之列。这位青年叫神田三郎。

　　于是，松下幸之助当即叫人复查考试情况。结果发现，神田三郎的综合成绩名列第一，只因电子计算器出了故障，把分数和名次排错了，导致神田三郎落选，松下幸之助立即吩咐手下纠正错误，并发给神田三郎录用通知书。

　　没想到第二天，松下先生却得到一个惊人的消息：神田三郎因没有被录取，觉得自己一无是处，于是跳楼自杀了。录用通知书送到时，他已经死了。

松下知道之后自己沉默了好长时间,一位助手在旁边自言自语:"多可惜,这么一位有才干的青年,我们没有录取他。"

"不,"松下摇摇头说,"幸亏我们公司没有录用他。如此自卑的人是做不成大事的。"

人生并非一帆风顺,因为求职未被录取而拿死亡来解脱自卑的情绪,简直太可惜了。

成功者与普通人的区别在于:成功者总是充满自信,洋溢活力,而普通人即使腰缠万贯,富甲一方,内心却往往灰暗而脆弱。

人生好运念

成就事业就要有自信,有了自信才能产生勇气、力量和毅力,具备了这些,困难才有可能被战胜,目标才可能达到。但是自信绝非自负,更非痴妄,自信建筑在崇高和自强不息的基础之上才有意义。心中有自信,成功有动力。莎士比亚说过:"自信是走向成功的第一步。"当你满怀激情踏上人生之路时,请带上自信出发,那么一切都将会改变。

放下包袱，问题将会迎刃而解

　　为了参加奥林匹克数学竞赛，某中学的数学教师每天给他的一个学生出两道数学题，作为课外作业给他回家后去做，第二天早晨再交上来。

　　有一天，这个学生回家后才发现，老师今天给了他三道题，而且最后一道似乎有些难度。他想：从前每天两道题，他都很顺利地完成了，从未出现过任何差错，早该增加点儿份量了。

　　于是，他志在必得，满怀信心地沉入到解题的思路中……天亮时分，他终于把这道题给解决了。但他还是感到一些内疚和自责，认为辜负了老师的期望——这一道题竟然做了一夜。

　　谁知，当他把这三道已解的题一并交给老师时，老师吓坏了！

　　原来，最后那道题竟是一道在数学界流传百年而无人能解的难题。老师把它抄在纸上，也只是出于好奇心。结果，不经意竟把它与另外两道普通题混在一起，交给了这个学生。这个学生却在不明实情的情况下，意外地把它给攻克了。

人生好运念

　　生活中遇到的解决不了的问题，往往并不是问题本身有多难，关键是人们的心理作用常常把问题想像得太过于复杂化了，人为地增加了问题的难度。不论什么时候，都要不断地告诉自己：我能行，我能行！放下思想包袱，勇于挑战，你会发现许多所谓的难题居然迎刃而解了。

不要被自己打败

驯鹿和狼之间存在着一种非常独特的关系，它们在同一个地方奔跑，又一同在自然环境极为恶劣的旷野上生存。大多数时候，它们相安无事地在同一个地方活动，驯鹿不害怕狼，狼也不骚扰鹿群。

在这平静安闲的时候，狼会向鹿群发动突然袭击。其实，狼是无法对驯鹿构成威胁的，因为身材高大的驯鹿可以一蹄子把狼踢死或踢伤，或许是由于出乎意料，驯鹿会惊愕地迅速地逃窜，然后会再聚成一群以确保安全。

而狡猾的狼群早已盯准了目标，在这追和逃的过程中，会有其他的狼冷不防地从草丛里窜出，以迅雷不及掩耳之势抓破其中一只驯鹿的腿。

偷袭结束了，一只驯鹿也没有牺牲，狼也没有得到一点儿食物。

第二天，同样的一幕再次上演，只是这一次狼群是有目标的——依然抓伤那只已经受伤的驯鹿。

一次次都有狼从不同的地方窜出来攻击，攻击的却依旧是那只驯鹿。旧伤未愈又添新伤，大量的失血导致驯鹿力气逐渐减小，但这并不可怕，真正可怕的是它渐渐对自己失去了信心，到最后它完全崩溃了，因此而丧失了反抗的意志。

当它虚弱到不会再对狼构成威胁的时候，狼便一涌而上，美美地分享战利品。

驯鹿一次次被失败击得信心全无，已忘了自己其实是个强者，忘了自己还有反抗的能力，它已经没有勇气奋力一搏了，最后成了狼的腹中之物，真正打败驯鹿的不是凶残的狼，而是自己脆弱的心灵。

人生好运念

人生总有遇到"狼群"的时候，最可怕的不是遇到"狼群"，而是自己缺少战胜"狼群"的自信。面对人生路上的大困难，即使实力相距悬殊，也勇于亮剑，自信带来的勇气也许就是让你脱离困境的法宝。

对自己的目标充满信心

威尔逊在创业之初，全部家当只有一台分期付款的爆米花机，价值 50 美元。

第二次世界大战结束后，威尔逊做生意赚了点儿钱，便决定从事地产生意。如果说这是威尔逊的成功目标，那么，这一目标的确定，就是基于他对自己的市场需求预测充满了信心。

当时，在美国从事地产生意的人并不多，因为战后人们一般都比较穷，买地产修房子、建商店、盖厂房的人很少，地产的价格也很低。当亲朋好友听说威尔逊要做地产生意，异口同声地反对。

而威尔逊却坚持己见，他认为反对他的人目光短浅。他认为虽然连年的战争使美国的经济很不景气，但美国是战胜国，它的经济会很快进入大发展时期。到那时买地产的人一定会增多，地产的价格会暴涨的。

于是，威尔逊用手头的全部资金再加一部分贷款在市郊买下很大的一片荒地。这片土地由于地势低洼，不适宜耕种，所以很少有人问津。可是威尔逊亲自观察了以后，还是决定买下了这片荒地。

他的预测是，美国经济会很快繁荣，城市人口会日益增多，市区将会不断扩大，必然向郊区延伸。在不久的将来，这片土地一定会变成黄金地段。

后来的事实正如威尔逊所料。不出三年，城市人口剧增，市区迅速发展，大马路一直修到威尔逊买的土地的边上。这时，人们才发现，这片土地周围风景宜人，是人们夏日避暑的好地方。

于是，这片土地价格倍增，许多商人竞相出高价购买，但威尔逊不为眼前的利益所惑，他还有更长远的打算。

后来，威尔逊在自己的这片土地上盖起了一座汽车旅馆，命名为"假日旅馆"。由于它的地理位置好，舒适方便，开业后，顾客盈门，生意非常兴隆。从此以后，威尔逊的生意越做越大，他的假日旅馆逐步遍及世界各地。

人生好运念

　　目光远大，目标明确的人往往非常自信，当然他们的自信不是空穴来风，而是源自对事物发展规律的掌握总结。依靠这种强大的自信，他们先人一步踏入未来发展的源头，进而创造奇迹。

第一念　信念
——信念是克服困难的助力

自己的命运自己做主

有一个经理,他把全部财产投资在一种小型制造业,结果由于世界大战的爆发,他无法取得他的工厂所需要的原料,因此只好宣告破产。

事业的失败与金钱的丧失,使他大为沮丧。于是他离开妻子儿女,成为一名流浪汉。他对于这些损失无法忘怀,而且越来越难过。到最后,甚至想要跳湖自杀。

一个偶然的机会,他看到了一本名为《自信心》的书。这本书给他带来了勇气和希望,他决定找到这本书的作者,请作者帮助他再度站起来。

当他找到作者,说完他的故事后,那位作者却对他说:"我已经以极大的兴趣听完了你的故事,我希望我能对你有所帮助,但事实上,我却绝无能力帮助你。"

他的脸立刻变得苍白,他低下头,喃喃地说道:"这下子完蛋了。"

作者停了几秒钟，然后说道："虽然我没有办法帮你，但我可以介绍你去见一个人，他可以协助你东山再起。"

刚说完这几句话，流浪汉立刻跳了起来，抓住作者的手，说道："看在老天爷的份上，请带我去见这个人。"

于是作者把他带到一面高大的镜子面前，用手指着说："我介绍的就是这个人。在这世界上，只有这个人能够使你东山再起。除非坐下来，彻底认识这个人，否则你只能跳到密歇根湖里。因为在你对这个人作充分的认识之前，对于你自己或这个世界来说，你都将是个没有任何价值的废物。"

他朝着镜子向前走几步，用手摸摸他长满胡须的脸孔，对着镜子里的人从头到脚打量了几分钟，然后退几步，低下头，开始哭泣起来。

几天后，作者在街上碰见了这个人时，几乎认不出来了。他的步伐轻快有力，头抬得高高的。他从头到脚打扮一新，看来是很成功的样子。

"那一天我离开你的办公室时还只是一个流浪汉。我对着镜子找到了我的自信。现在我找到了一份年薪三千美元的工作。我的老板先预支一部分钱给我家人，我现在又走上成功之路了。"

人生好运念

　　求人不如求己。别人或许可以给你一时的帮助,但关键的事还得靠自己去做。一定要相信自己能够做好,这是一个人做事情与活下去的动力,没有了这种信心,你就不能认识自己,不敢去面对一切。只有相信自己才不会半途而废,才能一步步走向成功。

别让生活将你击倒

在一次讨论会上，一位著名的演说家没讲一句开场白，手里却高举着一张20美元的钞票。

面对会议室里的200个人，他问："我打算把这20美元送给你们中的一位，谁愿意要这20美元？"一只只手举了起来。

他接着说："但在把它给你们之前，请准许我做一件事。"他说着将钞票揉成一团，然后问："谁还要。"仍有人举起手来。

他又说："那么，假如我这样做又会怎么样呢？"他把钞票扔到地上，又踏上一只脚，并且用脚碾它。而后他拾起钞票，钞票已变得又脏又皱。"现在谁还要？"还是有人举起手来。

"朋友们，你们已经上了一堂很有意义的课。无论我如何对待那张钞票，你们还是想要它，因为它并没贬值。它依旧是20美元。"

人生好运念

不论是谁，在人生路上都会遇到各种各样的坎坷、挫折、不幸……你或许会被打击得几乎崩溃，甚至对生活失去信心，但你要相信自己：你就是你，不会因为你的经历而改变，不要觉得自己似乎一文不值，无论发生什么，或将要发生什么，你永远不会丧失存在的价值。

第二念　心态
——心态决定人生未来

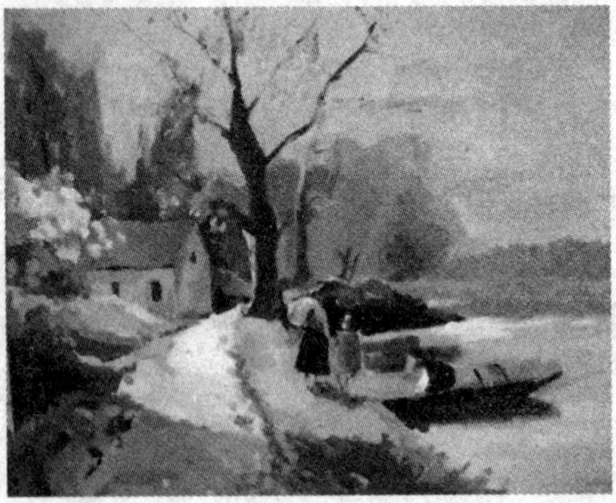

幸好还不是最糟糕

一个人听说来了一个乐观者,于是,他去拜访乐观者。乐观者乐呵呵地请他坐下,笑嘻嘻地听他提问。

"假如你一个朋友也没有,你还会高兴吗?"他问。

"当然,我会高兴地想,幸亏我没有的是朋友,而不是我自己。"

"假如你正行走间,突然掉进一个泥坑,出来后你成了一个脏兮兮的泥人,你还会快乐吗?"

"我还是会很高兴的,因为我掉进的只是一个泥坑,而不是万丈深渊。"

"假如你被人莫名其妙地打了一顿,你还会高兴吗?"

"当然,我会高兴地想,幸亏我只是被打了一顿,而没有被他们杀害。"

"假如你去拔牙，医生错拔了你的好牙而留下了坏牙，你还高兴吗？"

"当然，我会高兴地想，幸亏他错拔的只是一颗牙，而不是我的内脏。"

"假如你正在睡觉，忽然来了一个人，在你面前用极难听的嗓门唱歌，你还会高兴吗？"

"当然，我会高兴地想，幸亏在这里嚎叫着的，是一个人，而不是一匹狼。"

"假如你马上就要失去生命，你还会高兴吗？"

"当然，我会高兴地想，我终于高高兴兴地走完了人生之路，让我随着死神，高高兴兴地去参加另一个宴会吧。"

"这么说，生活中没有什么是可以令你痛苦的，生活永远是快乐组成的一连串乐符？"

"是的，只要你愿意，你就会在生活中发现和找到快乐——痛苦往往是不请自来，而快乐和幸福往往需要人们去发现，去寻找。"乐观者说。

从此，拜访乐观者的人也明白了这个道理，他的生活也开始充满欢乐。

在人的生命中，痛苦和欢乐并不总是并存，这世界并不会因为你不开心就停止运转，快乐需要我们自己用心去寻找。如果你遇事总是看到灰暗的一面，那你一定会很痛苦。太阳落下去了，明天依然会升起来，用豁达的心情去看待事情，那你一定是开心的。

人生好运念

生命的本身是感受乐趣而不是为了痛苦，在历史的长河中，生命不过是个短暂的瞬间，没有任何理由让你失去快乐，以积极的心态面对不幸与意外，生活就会变得轻松而快乐。

第二念　心态
——心态决定人生未来

生活给你的回报

阿丽生病了，住进医院。

最要好的老同学阿霞去看她，结果看到她一脸憔悴，而阿霞看上去却比她年轻十岁。

阿丽拉着阿霞的手说："医生说我这是郁积成疾。唉，也难怪，你看我的命多苦。小的时候只能喝稀粥，看着别人家孩子吃白饭；长大了终于吃了白饭，但别人家却天天吃饺子；当我能天天吃上饺子的时候，人家却又顿顿大鱼大肉；现在有鱼有肉了，而别人是汽车和豪宅……我总是跟不上别人，我的命怎么就这么苦！你看你多幸福，依然那么年轻漂亮，还有一个好老公疼你。"

阿霞说："其实你知道的，我们的生活经历差不多，只是我比你想得开：喝粥的时候，我想到的是不再只吃稀稀的汤水；有了白饭的时候，那又比喝粥好多了；每天都有饺子吃时，就像以前过年一样，天天好日子。"

"回过头去看看这些日子，是一步一个台阶，一天更比一天好，我们为什么不开心呢？说到漂亮，当年在一起时不都是人人夸你？你的老公对你不是百般照顾？你什么都不比我差呀！差的只是你的心态！生活是美好的，值得珍惜的，干嘛自己和自己过不去？人生就是几十年，关键看你想要一个怎样的活法。"

阿霞说完，阿丽陷入了沉思，久久说不出话来。

人生好运念

你怎样看待生活，生活就会怎样回报你。皇帝有皇帝的苦恼，乞丐有乞丐的快乐。你有什么样的心态，就会有什么样的生活。谁的一生都有不如意的事情，乐观的人看到的是人生越来越美好，悲观的人看到的是所有的事情都不如意。积极的心态让你蓬勃向上，让你体会人生的快乐；消极的心态让你自怨自艾，让你感受生活的苦难。悲观消极能改变现实吗？不能，那为什么不乐观看待生活呢？

不同的态度造就不同的未来

有个生活比较潦倒的小职员,每天都埋怨自己"怀才不遇",认为命运在捉弄自己。

新年前夕,家家户户张灯结彩,充满过节的热闹气氛。他却坐在公园里的一张椅子上,百无聊赖地回顾往事。去年的今天,他也是孤单一人,以醉酒度过了他的新年,没有新衣,也没有新鞋子,更别谈新车子、新房子了。

"唉!今年我又要穿着这双旧鞋子度过新年了!"说着就准备脱掉这旧鞋子。这个时候,他突然看见一个年轻人自己滑着轮椅从他身边走过。

"我有鞋子穿是多么幸福!他连穿鞋子的机会都没有啊!自己无病无灾饿不着,又有什么好抱怨的呢?"这样的想法开始在他脑海中萦绕。

之后,这位小职员每做任何一件事都心平气和,珍惜机会,发愤图强,力争上游。数年以后,生活在他面前终于彻底改变了,他最后成了一名百万富翁。

又有一对孪生兄弟,弟弟是城市里最顶尖的会计师,哥哥是监狱里的囚徒。

一天,有记者去采访当囚徒的哥哥,问他失足的原因是什么?哥哥说:"我家住在贫民区,爸爸既赌博,又酗酒,不务正业;妈妈有精神病。没有人管我,我吃不饱,穿不暖,所以去偷去抢……"

第二天,记者又去采访当会计的弟弟,问他成为这么棒的会计师的秘诀是什么?弟弟说:"我家住在贫民区,爸爸既赌博,又酗酒,不务正业;妈妈有精神病,我不努力,行吗?"

人生好运念

凡事要乐观面对,不要让客观的因素左右自己的人生态度,由于思想不同,相同恶劣的环境下,乐观者也会打通一条悲观者不能打通的光明之路。

第二念 心态——心态决定人生未来

失去现有的也许会得到更好的

比尔被解雇了。他是突然接到通知的，而且老板未作任何解释，唯一的理由是公司的政策有些变化，现在不再需要他了。

更令他难以接受的是，就在几个月以前，另一家公司还想以优厚的条件将他挖走，当时比尔把这件事告诉了老板，老板极力地挽留他说："比尔，我们更需要你！而且，我们会给你一个更好的前程。"

而现在比尔却落到了如此结局，可想而知他是多么痛苦。

一种不被人需要、被人拒绝以及不安全的情绪一直缠绕着他，他不时地徘徊、挣扎，自尊心深受损害，一个原本能干而有生机的比尔变得消沉沮丧、愤世嫉俗。在这种心境下，比尔怎么可能找到新的工作呢？

有一天，他无意中翻出一本书《积极思考的力量》。看过一遍后，他开始思考自己，他目前这种状况是否也存在一些积极的因素呢？他不知道，但他发现了许多消极负面的情绪，这些负面因素是使他一蹶不振的主要原因。

他也意识到这一点，要想发挥积极思想的功用，自己首先必须做到一点——排除消极的情绪。

没错！这便是他必须着手开始的地方。于是他开始改变思维方式，摒除消极的情绪，代之以积极的思想，使自己的心灵复苏。

他开始有规律地祷告："我相信这一切都是上帝的安排，我被解雇，相信也是如此。我不再抱怨自己的遭遇，只想谦卑地请教上帝，接下来我该如何做？"

一旦他开始相信所发生的一切事情都确有其因之后，他不再对老板愤懑不已，他认为，如果自己身为老板，也许会不得不如此。当他如此考虑之后，自己的整个心态完全变了，在他的努力下，终于又找到了一份更好的工作。

人生好运念

每个人都有可能遭遇这样或那样的挫折与困难，在面对困难时要积极地努力克服，不要怨天尤人。相信就算错过现在的，将来也会得到更好的，只要积极迎接挑战，正面思考，经历过风雨后，就一定能够看到美丽的彩虹。

平常心面对不幸

一天,国王与宰相在商议事情,适逢天下大雨,国王问:"宰相啊!你说下雨是好事还是坏事啊?"

宰相说:"好事!雨水的滋润让农民丰收,陛下正好可微服私访,体察一下民情。"

又有一天,天下大旱,国王又问:"宰相啊!你说大旱是好事还是坏事啊?"

宰相说:"好事!陛下正好可以开仓放粮,赈济灾民,让百姓感激陛下天恩浩荡,可以得民心呀。"

又有一天,国王出去打猎时,不小心弄断了小拇指,又问:"宰相啊!你说这是好事还是坏事啊?"

宰相说:"好事!"

国王大怒,将宰相关入地牢。一天国王想去打猎,常陪自己出去打猎的宰相却被自己关了起来,于是就找了另外一位大臣陪同去打猎了。

结果没想到误入土人陷阱被捉,土人想用这些俘虏里的首领祭天,于是就把国王绑了起来。但后来因为不是全人(缺手指),免去被祭天的厄运。

原来土人祭天必须用身体各部位全都完整的人,于是他们放了国王,换用了那位大臣。死里逃生的国王回宫后想起宰相说的"好事"应验了,于是赶紧将宰相从地牢里放出来。

这时国王又问宰相:"我断了小拇指是好事,那我把你关在地牢里是好事还是坏事?

宰相又答:"好!好极了!要不是陛下将微臣关在地牢里,陪陛下出猎的会是谁呢?微臣现在恐怕早已被土人杀掉祭天了。"

人生好运念

我们要明白事物都有两面性,不论任何事,有利就有弊,凡事不妨多从积极的角度去考虑问题。福兮祸所倚,祸兮福所伏,以平常心看待不幸,乐观地处世,你就会幸福。感激幸运的同时也感激不幸,因为不幸常常是幸运的开始。

让心灵永葆青春

　　有一个小女孩每天放学都是自己从学校步行回家。

　　一天早上天气不太好,云层渐渐变厚,到了下午放学时风吹得更急,不久就开始有闪电、打雷,接着下起了大雨。小女孩的妈妈很担心,她担心小女孩会被打雷吓着,甚至被雷击到。

　　雷雨下得越来越大,闪电像一把锐利的剑刺破天空,小女孩的妈妈赶紧开着她的车,沿着上学的路线去找小女孩。看到自己的小女儿一个人走在街上时,却发现每次有闪电时,她都停下脚步,抬头往上看,并露出微笑。

　　到了近前,妈妈赶忙停下车叫住她的孩子,并问她说:"你在做什么啊?"

她说:"上帝刚才帮我照相,所以我要笑啊!"

现在的人少有时间静下心来思考一些问题,整日奔波在钢筋水泥围成的狭小空间里,心也变成了灰色,年少时色彩斑斓的梦想也消失了,思想被太多的世俗填满了,如此的人生难免少了乐趣。

思想就像一杯装满清洌泉水的杯,里面放的杂物多了,清清的水溢了出来,最初的纯真也越来越少,而杂物还会慢慢浸染水的颜色,直到那杯中很少的水也浑浊了,失去最后的清纯,活着只为活着,找不到生命的方向。

人生好运念

静下心来,慢慢过滤,希望少一份世故,多一份纯真;少一些虚伪,多一点儿真诚。岁月衰老了我们的容颜,却让心灵永葆青春。

有希望就有作为

琼斯的职业是农民,那时他身体很健康,工作十分努力,在美国威斯康星州附近经营一个小农场,但生意不怎么好。这样的生活年复一年地过着,突然间发生了一件事!

琼斯患了全身麻痹症,卧床不起,而他已是晚年,几乎失去生活能力。他的亲戚们都确信,他将永远成为一个失去希望、失去幸福的病人。他不可能再有什么作为了。

然而,琼斯却有了非凡的作为,而且他的作为给他带来了幸福,这种幸福是伴随他事业的成功而来的。

琼斯用什么方法创造奇迹的呢?是的,他的身体是麻痹了,但是他能思考,他确实在思考、在计划。

有一天,他作了决定,他要从自己所处的地方,把创造性的思考变为现实。他要成为有用的人,他要供养他的家庭,而不是成为家庭的负担。他把他的计划讲给家人听。

"我再不能用我的手劳动了，"他说，"所以我决定用我的头脑从事劳动。如果你们愿意的话，你们每个人都可以代替我的手、足、身体。让我们把农场的每一亩可耕地都种玉米，同时还可以养猪，用所收的玉米喂猪。趁着猪还肉质鲜嫩的时候，我们就把它宰掉，做成香肠，然后把香肠包装起来，贴上同一个品牌出售，我们自己的品牌。我们可以在全国各地的零售店出售这种香肠。"

他低声轻笑，接着说道："这种香肠将像热糕点一样出售。"

家人都赞同琼斯的想法，一季之后，这种香肠确实像糕点一样出售了，销量不错！几年后，牌名"琼斯猪肉香肠"竟成了最能引起人们胃口的一种畅销食品。

人生好运念

人们常用"心有余而力不足"来为自己不愿努力而开脱，其实，世上无难事，只怕有心人，积极的思想几乎能够战胜世间的一切障碍。

心病比生理上的疾病危害更大

彼得是一位年轻的计算机销售经理。他有一个温暖的家和高薪的工作，在他的面前是一条充满阳光的大道，然而他的情绪却非常消沉。

他总认为自己身体的某个部位有病，自己似乎行将死去，他甚至早早替自己选购了一块墓地，并为葬礼作好了准备。实际上他只是感到呼吸有些急促，心跳有些快，喉咙梗塞。医生劝他在家休息，暂时不要做销售工作。

彼得在家里休息了一段时间，但是由于恐惧，他的心理仍不安宁。他的呼吸变得更加急促，心跳得更快，喉咙仍然梗塞。这时他的医生叫他到海边去度假。

海边虽然有使人健康的气候、壮丽的高山，但仍阻止不了他的恐惧感。一周后他回到家里，他觉得死神很快就要降临。

彼得的妻子看到他的样子，将他送到了一所有名的医院进行全面的检查。

医生告诉他:"你的症结是吸进了过多的氧气。"

他立即笑起来说:"我怎么对付这种情况呢?"

医生说:"当你感觉到呼吸困难,心跳加快时,你可以向一个纸袋呼气,或暂且屏住气。"

医生递给他一个纸袋,他就遵医嘱行事。结果这样做之后,他的心跳和呼吸真的变得正常了,喉咙也不再梗塞了。自己担心的病居然如此容易就好了,离开这个医院时,他心情愉悦,彷佛要飞起来。

此后,每当他的病症发生时,他就屏住呼吸一会儿,使身体正常发挥功能。几个月以后,他不再恐惧,症状也随之消失了。

人生好运念

许多人感到身体支持不住,往往症结就在于心理上。保持愉快的情绪对身体的健康是非常有帮助的。"不怕才有希望",对付困难是这样,对付疾病也是这样。

把缺点转化成发展自己的机会

曾长期担任菲律宾外长的罗莫洛穿了鞋子，身高也只有163公分。

年轻时，他与其他人一样，为自己的身材而自惭形秽，为此，他也穿过增高鞋，但这种方法终究令他不舒服，精神上的不舒服。他感到这样做完全是自欺欺人，于是便把增高鞋扔了。

后来，在他的一生中，其许多成就竟与他的"矮"有关，也就是说，矮促使他成功。以至他说出这样的话："但愿我生生世世都做矮子。"

1935年，大多数的美国人尚不知道罗莫洛为何许人也。那时，他应邀到圣母大学接受荣誉学位，并且发表演讲，成功地打动了观众,掌声鼓了一次又一次。

那天,罗斯福总统也是演讲人,可是,他的吸引力完全没有罗莫洛大。事后,他笑吟吟地怪罗莫洛"抢了美国总统的风头"。

更值得回味的是,1945年,联合国创立会议在旧金山举行。罗莫洛以无足轻重的菲律宾代表团团长身份,应邀发表演说。

讲台差不多和他一般高,等大家静下来,罗莫洛庄严地说出一句:"我们就把这个会场当做最后的战场吧。"

这时,全场顿时寂然,接着爆发出一阵掌声。最后,他以"维护尊严、言辞和思想比枪炮更有力量……唯一牢不可破的防线是互助互谅的防线"结束演讲时,全场响起了暴风雨般的掌声。

后来,他分析道:如果大个子说这番话,听众可能客客气气地鼓一下掌,但菲律宾那时离独立还有一年,自己又是矮个子,由他来说,就有意想不到的效果。

由这件事,罗莫洛认为矮个子比高个子有着天赋的优势。矮个子起初总被人轻视,后来,有了表现,别人就觉得出乎意料,不由得佩服起来,在人们的心目中,其成就就格外出色,以至平常的事一经他手,就似乎成了石破惊天之举。

人生好运念

　　纵然存在一些缺点，仍有成功的机会，只要你肯勇敢正视自己的缺点，并积极努力地改正它、甚至可以把它转化为发展自我的机会，最后做到超越自己。

在缺陷面前不退缩不消沉

美国总统罗斯福是一个有缺陷的人,小时候他是一个脆弱胆小的学生,在学校课堂里总显露出一种惧怕的表情,呼吸就像喘大气一样。如果被喊起来背诵,立即会双腿发抖,嘴唇也颤动不已,回答起来也含含糊糊、吞吞吐吐,然后颓然地坐下来。

像他这样一个小孩,自我感觉一定很敏感,常会回避同学间的任何活动,不喜欢交朋友,成为一个只知自怜的人!

然而,罗斯福虽然有这方面的缺陷,但却有着奋斗的精神——一种任何人都可以具有的奋斗精神。事实上,缺陷促使他更加努力奋斗。

他没有因为同伴对他的嘲笑而减少勇气。他喘气的习惯变成了一种坚定的嘶声。他用坚强的意志,咬紧自己的牙床使嘴唇不颤动而克服他的惧怕。

没有一个人能比罗斯福更了解自己，他清楚自己身体上的种种缺陷。他从来不欺骗自己，认为自己是勇敢、强壮或好看的。他用行动来证明自己可以克服先天的障碍而得到成功。

凡是他能克服的缺点他便克服，不能克服的他便加以利用。通过演讲，他学会了如何利用一种假声，掩饰他那无人不知的暴牙，以及他的打桩工人的姿态。

虽然他的演讲中并不具有任何惊人之处，但他不因自己的声音和姿态而遭失败。他没有洪亮的声音或是威重的姿态，他也不像有些人那样具有惊人的辞令，然而在当时，他却是最有力量的演说家之一。

人生好运念

由于罗斯福没有在缺陷面前退缩和消沉，而是充分、全面地认识自己，在意识到自我缺陷的同时，能正确地评价自己，在顽强之中抗争。不因缺憾而气馁，甚至将它加以利用，变为资本，变为扶梯而登上名誉巅峰。如果你也想要克服自己身上的某些弱点，不妨学习学习罗斯福总统身上的这种不退缩、不消沉的积极奋斗精神。

努力克服自己的不幸

　　拿破仑的父亲是一个穷困但是极高傲的科西嘉贵族，他把拿破仑送进了一个在布列纳的贵族学校，在这里与拿破仑往来的都是一些在他面前极力夸耀自己富有同时嘲笑他穷苦的同学。

　　这种一致讥讽拿破仑的行为，虽然引起了拿破仑的愤怒，但他却一筹莫展，只能忍受这些同学的欺压。

　　后来实在忍受不住了，拿破仑便写信给父亲，说道："这些外国孩子不停嘲笑我，他们唯一高于我的便是金钱，至于说到高尚的思想，他们是远在我之下的。难道我应当在这些富有高傲的人之下，继续谦卑下去吗？"

　　"我们没有钱，但是你必须在那里读书。"这是他父亲的回答，因此他必须继续忍受下去，直到五年后毕业。

　　但是每一种嘲笑，每一种欺侮，每一种轻视的态度，都使他增加了决心，发誓要做给他们看看，他确实是高于他们的。

他是如何做的呢？这当然不是一件容易的事，他一点儿也不空口自夸，只在心里暗暗计划，决定利用这些傲慢却没有头脑的人作为桥梁，帮助自己实现抱负，得到名誉和地位。

等他到了部队时，看见他的同伴正在用多余的时间赌博和追求女人。而他那不受女人喜欢的身高、相貌使他决定改变方针，用埋头读书的方法，去努力和他们竞争。

读书是和呼吸一样自由的，不花钱就可以在图书馆里借书读，这使他得到了很大的收获。当然他并不是读没有意义的书，也不是专以读书来消遣自己的烦恼，而是为自己的理想未来作准备。他下定决心要让全天下的人知道自己的才华。

拿破仑住在一个既小又闷的房间内，他面无血色，孤寂，沉闷，但是他的思想却绝不如此黯淡。

他总是在想象自己是法军总司令，将科西嘉岛等各地的地图画出来，然后清楚地在上面指出哪些地方应当布置防范；哪些地方是战略要地；哪些地方可以诱敌深入；他沉浸在这种为未来作准备的幸福之中。

久而久之，长官也知道拿破仑的学问很好，便派他在操练场上执行一些工作，一些需要极强能力的任务。拿破仑把工作做得极好，获得了长官的表扬，职务也获得了晋升，拿破仑开始走上政治之路了。

这时，一切的情形都改变了。

从前嘲笑他的人，现在都涌到他面前来，想分享一点儿他得的奖金；从前轻视他的，现在都希望成为他的朋友；从前揶揄他是一个矮小、无用、死用功的人，现在也都改为尊重他。他们都围绕到了他的身旁，他成了耀眼的"明星"。

拿破仑为何能够成功？因为他聪明？肯下苦功？他确实是聪明，也确实能耐住寂寞、肯下苦功，不过还有一种力量比聪明和勤奋来得更为重要，那就是他那种想超过嘲笑、戏弄他的人的强烈野心。

假使拿破仑的那些同学没有嘲笑他贫困，假使他的父亲允许他退出学校，他的感觉就不会那么难堪，他也许就不会成为日后几乎横扫欧洲的拿破仑。

他之所以成为这么伟大的人物，这里面不能不说有他年轻时痛苦生活的功劳，他从中学到了克服自己的不幸而走向胜利的秘诀。

人生好运念

凡是伟大的人物从来不承认生活是不可改造的，他也许会对他当时所处的环境不满意，不过他的不满意不但不会使他抱怨和不快乐，反而使他充满一腔热忱想闯出一番事业来。

生活其实并不悲惨

克丽丝汀拥有一切。她有一个完美的家庭,住豪华公寓,从来不用为钱发愁,而且,她还年轻、漂亮。

和她一起外出是一件乐事。在餐厅里,你会看到邻桌的男士频频向她注目,邻桌的女士为她而相互窃窃私语……有她的陪伴,你感觉很棒。她让你由衷地认为做女人真好。

不过,当所有闲聊终止的时候,这样一刻出现了:克丽丝汀开始向你讲述她悲惨的生活——她为减肥而跳的拉丁舞,她为保持体形而做的努力,她的厌食症。

你简直不敢相信自己的耳朵!这位美丽的女士竟然觉得自己又胖又丑,不值得任何人去爱。当然,你会对她说,她也许弄错了。

事实上,这世界上的一半人为了能拥有她那样的容貌,她那样的好运气和生活,宁愿付出任何代价。不,不,她悲哀地挥着手说，她以前也听过类似的话。她知道这话只是出于礼貌，只是一种于事无补的慰藉。你越是试图证实她是一位幸运的女孩，她越是表示反对。

生活赐予我们的越多，我们就越觉得所有的一切都是理所当然的。然后，我们对生活的期望值也就越高。想象一下你生而拥有的一切，金钱、容貌、智慧……一点儿突如其来的最微小的缺憾都将使你发狂。

而你应当知道：生活并不完美，生活从来也不必完美！只要想一想生活是多么风云变幻。

许多人都听过"超人"克里斯托弗的故事，他曾经又高又帅、又健壮、又知名、又富有。可是，一次，他不慎从马上跌落下来，使他摔断了脖子。从此，他再也不能自由地走动了。以后的岁月，他只能坐在轮椅上。

不过，克里斯托弗和克丽丝汀有所不同：他感谢上帝让他保留了一条生命，使他可以去做一些真正有意义的事——为残疾人的事业而努力。而克丽丝汀则是为她腹部增加或减少了丁点儿的脂肪而或喜或悲着。

第二念 心态
——心态决定人生未来

人生好运念

生活并不完美，但是也并不悲惨，调整好自己的心态，让自己更开心、更纵情地投入生活吧！

原来我也很富有

有一位青年，老是埋怨自己时运不济，发不了财，终日愁眉不展。这一天，走过来一个须发皆白的老人，问："年轻人，你为什么不快乐？"

"我不明白，为什么我总是这么穷。"

"穷？你很富有嘛！"老人由衷地说。

"这从何说起？"年轻人问。

老人反问道："假如现在斩掉你一个手指头，给你1000元，你愿不愿意？"

"不愿意。"年轻人回答。

"假如斩掉你一只手，给你10000元，你愿不愿意？"

"不愿意。"

"假如使你双眼都瞎掉，给你10万元，你愿不愿意？"

"不愿意。"

"假如让你马上变成 80 岁的老人，给你 100 万，你愿不愿意？"

"不愿意。"

"假如让你马上死掉，给你 1000 万，你愿不愿意？"

"不愿意。"

"这就对了，你已经拥有超过 1000 万的财富，为什么还哀叹自己贫穷呢？"老人笑吟吟地问道。

青年愕然无言，突然什么都明白了。

人生好运念

亲爱的朋友，如果你早上醒来发现自己还能自由呼吸，你就比在这个星期中离开人世的人更有福气；如果你从来没有经历过战争的危险、被囚禁的孤寂、受折磨的痛苦和忍饥挨饿的难受……你的冰箱里有食物，身上有足够的衣服，有屋栖身，你已经比世界上 70% 的人更富足了。如果你的银行账户有存款，钱包里有现金，你已经身居于世界上最富有的 8% 之列！看到这些，如果你此时能抬起头，面容上带着笑容，并且内心充满感恩的心情，你就是真正明白什么样的人是富有的人。

最大的耻辱不是恐惧死亡，而是恐惧改变

麦可，37岁那年做了一个疯狂的决定，放弃他薪水优厚的记者工作，把身上仅有的三块多美元捐给街角的流浪汉，只带了干净的内衣裤，决定由阳光明媚的加州，靠搭便车与陌生人的好心，横越美国。

他的目的地是美国东岸北卡罗莱纳州的"恐怖角"（Cape Fear）。

这是他精神快崩溃时做的一个仓促决定，某个午后他"忽然"哭了，因为他问了自己一个问题：如果有人通知我今天死期到了，我会后悔吗？答案竟是那么的否定。

虽然他有好工作、美丽的同居女友、亲友，他发现自己这辈子从来没有下过什么赌注，平顺的人生从没有高峰或谷底。他为了自己懦弱的上半生而哭。一念之间，他选择北卡罗莱纳州的恐怖角作为最后目的地，借以象征他征服生命中所有恐惧

的决心。

他检讨自己，很诚实地为他的"恐惧"开出一张清单：打从小时候他就怕保姆、怕邮差、怕鸟、怕猫、怕蛇、怕蝙蝠、怕黑暗、怕大海、怕飞、怕城市、怕荒野、怕热闹又怕孤独、怕失败又怕成功、怕精神崩溃……他无所不怕，却似乎"英勇"地当了记者。

这个懦弱的37岁男人上路前竟还接到奶奶的纸条："你一定会在路上被人杀掉。"但他成功了，4000多里路，78顿餐，仰赖82个陌生人的好心。

没有接受过任何金钱的馈赠，在雷雨交加中睡在潮湿的睡袋里，也有几个像公路分尸案杀手或抢匪的家伙使他心惊胆战，在游民之家靠打工换取住宿，住过几个破碎家庭，碰到不少患有精神疾病的好心人，他终于来到恐怖角，接到女友寄给他的提款卡。

他不是为了证明金钱无用，只是用这种正常人会觉得"无聊"的艰辛旅程来使自己面对所有恐惧。

恐怖角到了，但恐怖角并不恐怖，原来"恐怖角"这个名称，是由一位16世纪的探险家给取的，本来叫"Cape Faire"，被讹写为"Cape Fear"，只是一个失误。

麦可终于明白："这名字的不当，就像我自己的恐惧一样。我现在明白自己一直害怕做错事，我最大的耻辱不是恐惧死亡，而是恐惧改变。"

人生好运念

克朗宁说过一句话："生活是一座迷宫，我们必须从中找到自己的出路，我们时常会陷入迷茫，在死胡同中搜寻，但如果我们始终深信不疑，有一扇门就会向我们打开。"事情总是在变化着，有的时候，旧的结局或许就是新的开始，我们要相信人生，不畏惧改变，勇往直前。

只有心中的平静，才是自己可以主宰的平静

　　国王提供了一份奖金，希望有画家能画出最平静的画。许多画家都来尝试。国王看完所有画，只有两幅最为他所喜爱，他决定从中作出选择。

　　一幅画是一个平静的湖，湖面如镜，倒映出周围的群山，上面点缀着如絮的白云，只要看到此画的人都同意这是描绘平静的最佳图画。

　　另一幅画也有山，但都是崎岖和光秃的山，上面是愤怒的天空，下着大雨，雷电交加。山边翻腾着一道涌起泡沫的瀑布，看来一点儿都不平静。

　　但当你走近一点儿仔细观看之时，你会看见瀑布后面有一细小的树丛，其中有一母鸟筑成的巢。在那里，在怒奔的水流中间，母鸟坐在它的巢里——完全的平静。

　　到底哪幅画赢得奖赏？国王选择了后者。

"因为，平静并不等于一个完全没有困难和辛劳的地方。"国王解释道。

人生好运念

在纷繁的世界中，祈求完全平静的生活，是对环境对他人的过分要求。每个人都有自己的生活方式，要求别人为自己而改变，既不现实又显得自私。在那一切的纷乱中间，心中仍然平静，这才是平静的真正意义。只有心中的平静，才是自己可以主宰的平静。

在了解真相之前莫冲动

有一个发生在美国阿拉斯加的故事,有一对年轻的夫妇,妻子因为难产死去了,不过孩子倒是活了下来。丈夫一个人既工作又要照顾孩子,有些忙不过来,可是找不到合适的保姆照看孩子,于是他训练了一只狗,那只狗既听话又聪明,可以帮他照看孩子。

有一天,丈夫要外出,像往日一样让狗照看孩子。他去了离家很远的地方,所以当晚没有赶回家。

第二天一大早他急忙往家里赶,狗听到主人的声音摇着尾巴出来迎接,可是他却发现狗满口是血,打开房门一看,屋里也到处是血,孩子居然不在床上……他全身的血一下子都涌到头上,心想一定是狗的兽性大发,把孩子吃掉了,盛怒之下,拿起刀来把狗杀死了。

就在他悲愤交加的时候,突然听到孩子的声音,只见孩子从床下爬了出来，丈夫感到很奇怪。

他又仔细看了看狗的尸体，这才发现狗后腿上有一大块肉没有了，而屋门的后面还有一只狼的尸体。原来，是狗救了小主人，却被主人误杀了。

人生好运念

我们都有这样的经历：本来完美无缺、毫无破绽的计划却因为自己一时冲动而功亏一篑。冲动是成功的大敌，是失败的帮凶，是后悔的因由，保持一份冷静，限制自己的冲动，如此才不致事后后悔。

不带着怒气做任何事

欧玛尔是英国历史上唯一留名至今的剑手。他有一个与他势均力敌的敌手，他们斗了30年还不分胜负。在一次决斗中，敌手从马上摔下来，欧玛尔持剑跳到他身上，一秒钟内就可以杀死他。

但敌手这时做了一件事——向他脸上吐了一口唾沫。欧玛尔停住了，对敌手说："咱们明天再打。"敌手胡涂了。

欧玛尔说："30年来我一直在修炼自己，让自己不带一点儿怒气作战，所以我才能常胜不败。刚才你吐我的瞬间我动了怒气，这时杀死你，我就再也找不到胜利的感觉了。所以，我们只能明天重新开始。"

这场争斗永远也不会开始了，因为那个敌手从此变成了他的学生，他也想学会不带一点儿怒气作战。

人生好运念

愤怒常常使我们失去理智，干出蠢事。懂得控制自己的愤怒，才不致让人有机可乘，在生活中，我们也要学会不带怒气做任何事。

把逆境转为自我能忍受的事物

　　珍子是日本人,他们家世代采珠,她有一颗珍珠是她母亲在她离开日本赴美求学时给的。

　　在她离家前,她母亲郑重地把她叫到一旁,给她这颗珍珠,告诉她说:"当女工把沙子放进蚌的壳内时,蚌觉得非常得不舒服,但是又无力把沙子吐出去,所以蚌面临两个选择,一是抱怨,让自己的日子很不好过;另一个是想办法把这粒沙子同化,使它跟自己和平共处。于是蚌开始把它的精力营养分一部分去把沙子包起来。"

　　"当沙子裹上蚌的外衣时,蚌就觉得它是自己的一部分,不再是异物了。沙子裹上的蚌成分越多,蚌越把它当做自己,就越能心平气和地和沙子相处。"

　　母亲启发她道:"蚌并没有大脑,它是无脊椎动物,在演化的层次上很低,但是连一个没有大脑的低等动物都知道要想办法去适应一个自己无法改变的环境，把一个令自己不愉快的异己转变为可以忍受的自己的一部分，人的智能怎么会连蚌都不如呢？"

人生好运念

我们凭什么一有挫折便怨天尤人，跟自己过不去呢？就像打牌时，既然拿到什么样的牌已经无从选择，那么如何把手中的牌打好才是最重要的。

从失败中学到教训

"我在这儿已做了 30 年,"一位员工抱怨他没有升级,"我比你提拔的许多人多了 20 年的经验。"

"不对,"老板说:"你只有一年的经验,你从自己的错误中,没学到任何教训,你仍在犯你第一年刚做时的错误。"

不能从失败中学到教训是悲哀的!即使是一些小小的错误,你都应从其中学到些什么。

"我们浪费了太多的时间,"一位年轻的助手对爱迪生说:"我们已经试了两万次了,仍然没找到可以做白炽灯丝的物质!"

"不!"爱迪生回答说,"我们的工作已经有了重大的进展。至少我们已知道有两万种不能当白炽灯丝的东西。"

这种精神使得爱迪生终于找到了钨丝,发明了电灯,改变了历史。

错误对我们的损失是否非常严重,往往不在错误本身,而在于犯错人的态度。能从失败中获得教训的人，就能把错误的损失降至最低。

人生好运念

似乎，唯一避免犯错的方法是什么事都不做，有些错误确实会造成严重的影响，所谓"一失足成千古恨，再回头已是百年身"。然而，"失败为成功之母"，没有失败，没有挫折，就无法成就伟大的事业。

屡败屡战 决不轻言放弃

1854年初，湘军练成水陆之师1.7万人，会师湘潭；他撰檄文声讨太平天国，誓师出战，向西征的太平军进攻。

结果，曾国藩遇到了十分善战的石达开。初败于岳州、靖港，他愤不欲生，第一次投水自杀，被左右救起。后在湘潭获胜，转入反攻，连陷岳州、武汉。

继之三路东进，突破田家镇防线，兵锋直逼九江、湖口。后水师冒进，轻捷战船突入鄱阳湖，为太平军阻隔，长江湘军水师连遭挫败，曾国藩率残部退至九江以西的官牌夹，其座船被太平军围困。曾国藩第二次投水自杀，被随从捞起，只得退守南昌。

在又一次被敌人打败之后，京师催报战况，无奈之下，他向京师如实上奏，一方面报告情况，一方面寻求对策，要求援兵。

当时他在奏章写了这样一句话，"臣屡战屡败，有愧圣恩……"，他的幕僚周中华看到这个奏章后，觉得不妥，提笔在手，便在曾国藩所写的"屡战屡败"四字旁落笔又写下四个字"屡败屡战"！

这四个字仅仅是顺序的改变，顿时将原本败军之将的狼狈变为英雄的百折不挠。同样的四个字，不同的用法，高低之分立见，而其中之含义更是天差地别，迥然有异。

曾国藩见周中华写出这四个字后，沉思良久，终于眉头舒展，露出微笑，道："中华果然奇才，这颠倒之间，便有了不同的意境，当真一字千金，老朽自愧不如！"

周中华淡淡一笑，道："恩师学究天人，只是身在局中、关心则乱，中华游戏文字，不值一哂。"

他顿了顿又说道："学生以为，恩师此后征剿'逆匪'，恐难毕其功于一役。百战艰难，胜败乃兵家常事，当以此'屡败屡战'为铭，方可逢凶化吉，遇难呈祥。"

这就如同弈棋一般，关键一步，满盘皆活。有了"屡败屡战"这一主旨，曾国藩运笔如飞，旋即将一份奏折拟好。

在奏折中，曾国藩详尽叙述了他如何在叛匪大军进逼下，独立支撑，屡败屡战，最后把握战机，果断进攻，终于在湘潭大败敌军。

自太平军造反作乱至今,朝廷军队吃的败仗已经数不胜数,多一个不为多,少一个也算不了什么,但是类似湘潭大捷这样的胜仗,确实凤毛麟角,少而又少,对于此时颓废的形势,无异于一支"强心针",有振聋发聩之功效!

未曾花费朝廷的粮饷,而能有这样一支精兵,自然要当成"典型"来宣传、褒奖。于是,咸丰皇帝接到奏章后,亲自拟定上谕,对于此前湘军的溃败,对于岳州和靖港之战则轻轻带过,未予深究,却着实嘉奖了湘潭大捷。

与此同时授权曾国藩,可以视军务之需,调遣湖南境内巡抚以下所有官员,可单线奏事、举荐弹劾!

这一来,惨败了数次,最后还差点儿自杀的曾国藩不但在与太平军的战争上打了一个大胜仗,更在湖南官场全面翻身,笑到了最后!此后,曾国藩用兵更加稳慎,战前深谋远虑,谋定后动,"结硬寨,打呆战",宁迟勿速,不用奇谋,最后平定了太平天国运动。

人生好运念

屡败屡战是挫折中的执著，不气馁，是希望，是勇气。人成长的过程中，总会遭遇失败，在失败中不要被挫折击倒，决不要轻言放弃。失败对未来而言，是学习和吸取教训的机会，是下一次努力的台阶，只有这样的人，才能在愿望多次受到挫折以后克服内心的恐惧和障碍，进而具备了顽强的意志和高远的智慧，成为"屡败屡战"的斗士，最后才会走向成功。

第三念 人际
——不要一心只忙工作，人情练达方成功

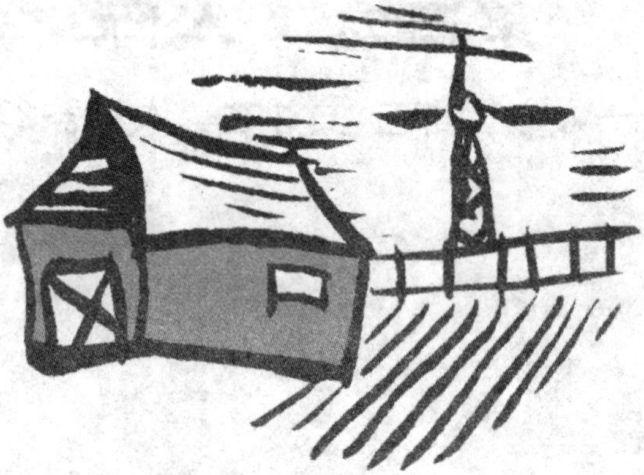

认真经营人际关系

设备科科长年老退休了,公司决定从原先的科员中选拔一个当主管。长官研究了一下资历,小李条件很好,工作十分努力,各项评定也都是良好,本来大有希望入选。可是他平常不太合群儿,和周围同事的关系总是淡淡的,脾气也有点儿倔强,不太会灵活办事。

小李坐到这个位置是否能够服众?出了问题,能否和同事阐明问题、妥善解决呢?这些问题难免让领导举棋不定,最后还是把小李否决掉了。

只知埋头于工作却不善于调控人际关系与现在的社会风险已然格格不入,也很难让领导认同你的能力,也就难以提拔,越高级的职务,人际关系的重要性也就越大。

"做生意其实很简单,就是做人,往来人情。"李老板做建材行业已有八九年,也交了许多朋友。谁的资金周转不来,他二话不说就汇到对方账号里；哪个客户家里老人、孩子出了事，他就像自家人一般跑去帮忙。"够义气！"这是生意伙伴对他的一致评价。

2008年原材料涨价，李老板的产品成本增加很多，如果还按照合约上的价格发货，他将赔得血本无归。关系好的朋友在关键时刻伸出援手，这都是以前"讲义气"的功劳。

上游的老王在原材料价格上给他稍微让了一些，下游做销售的孙老板又把给他的价格往上提了提，一起把李老板的损失降到了最低。那年冬天，建材厂哀鸿遍野、纷纷倒闭，李老板却得益于"人情"，捱过了难关。

一位日本企业家曾经深有体会地说："我之所以能有今天的成就，单靠自己的努力是远远不够的，而是得力于广泛的人际关系。我的朋友三教九流都有，如文学家、教育家、学术家、商业家……应有尽有。"

中国也有句俗话："一个篱笆三个桩，一个好汉三个帮。"可见，良好的人际关系是成功的重要因素之一，是一项不可缺少的重要资产和财富。

人生好运念

想要成功就不能只把眼光放在工作上，更应该注意做好人际关系工作，打好人脉基础。

将生意让给对手

卡尔是位卖砖的商人,由于一位对手的恶性竞争而使他的生意陷入困难之中。对方在他的经销区域内定期走访建筑师与承包商,告诉他们:卡尔的公司不可靠,他的砖块不好,即将面临停业的境地。

卡尔并不认为对手会严重伤害到他的生意,但是这件麻烦事使他心中升起无名之火,真想"用一块砖头敲碎那人肥胖的脑袋"作为发泄。

在一个星期天的早晨,卡尔听了一位牧师的讲道,主题是:要施恩给那些故意跟你为难的人。

卡尔把每一个字都记下来。卡尔告诉牧师,就在上个星期

第三念 人际——不要一心只忙工作,人情练达方成功

123

五，他的竞争者使他失去了一份 25 万块砖的订单。但是，牧师却教他要以德报怨、化敌为友，而且举了很多例子来证明自己的理论。

当天下午，当卡尔在安排下周的日程表时，发现住在加州的一位顾客，要为新办公大楼购买一批砖，可是他所指定的砖却不是卡尔他们公司所能制造供应的那种型号，而与卡尔的竞争对手出售的产品很相似。同时，卡尔也确信那位满嘴胡言的竞争者完全不知道有这个生意机会。

这使卡尔感到为难。如果遵从牧师的忠告，他觉得自己应该告诉对手这项生意的机会，并且祝他好运。

但是，如果按照自己的本意，他但愿对手永远也得不到这笔生意。卡尔内心挣扎了一段时间。牧师的忠告一直盘踞在他的心田。

最后，也许是因为很想证实牧师是错的，卡尔拿起电话拨到竞争者的家里。当时，那位对手难堪得说不出一句话来。卡尔就很有礼貌地直接告诉他，有关加州的那笔生意机会。

有一阵子那位对手结结巴巴地说不出话来，但是很明显的是，他很感激卡尔的帮忙。卡尔又答应打电话给那位住在加州的承包商，并且推荐由对手来承揽这笔订单。

后来，卡尔得到非常惊人的结果。对手不但停止散布有关他的谎言，而且甚至还把他无法处理的一些生意转给卡尔做。现在，除了他们之间的一些阴霾已经获得澄清以外，卡尔的心里也比以前好受多了。

人生好运念

舍弃一点点儿利益，就可能化敌为友，获得的是良好的合作环境，有此等美事，一点点儿牺牲是值得的。

第三念 人际
——不要一心只忙工作，人情练达方成功

微笑能改变你的生活

威廉已经结婚十八年多了,在这段时间里,从早上起来,到他要上班的时候,他很少对自己的太太微笑,或对她说上几句话。威廉觉得自己是百老汇最闷闷不乐的人。

后来,威廉在参加的继续教育培训班中,被要求准备以微笑的经验发表一段谈话,他就决定亲自试一个星期看看。

现在,威廉要去上班的时候,就会对大楼的电梯管理员微笑着,说一声"早安";他以微笑跟大楼门口的警卫打招呼;他对地铁的检票小姐微笑;当他站在交易所时,他对那些以前从没见过自己微笑的人微笑。

威廉很快就发现,每一个人也对他报以微笑。他以一种愉悦的态度,来对待那些满肚子牢骚的人。他一面听着他们的牢骚，一面微笑着，于是问题就容易解决了。威廉发现微笑带给自己了更多的快乐。

威廉跟另一位经纪人合用一间办公室，对方的职员之一是个很讨人喜欢的年轻人。威廉告诉那位年轻人最近自己在微笑方面的体会和收获，并声称自己很为所得到的结果而高兴。

那位年轻人承认说："当我最初跟您共享办公室的时候，我认为您是一个非常闷闷不乐的人。直到最近，我才改变看法：当您微笑的时候，充满了慈祥。"

人生好运念

你的笑容就是你好意的信使。你的笑容能照亮所有看到你的人，对那些整天都皱眉头、愁容满面的人来说，你的笑容就像穿过乌云的太阳，尤其对那些受到上司、客户、老师、父母或子女的压力的人，一个笑容能帮助他们了解世上的事，不仅有牢骚不满、更有阳光快乐、生活也是美好的。

长途车上的友谊

开往城里的长途车，总是在人们睡意蒙蒙时就该出发了，无论是大雪纷飞的冬季还是闷热潮湿的夏季。人们都想快点儿到达目的地，这比互相了解不相识的人更重要。

但有一位中年妇女，她却不这样认为。从她的穿戴上来看，这是一个家境贫寒、生活拮据的女人。而每一次，她都不忘给司机带来一杯热咖啡。

有一位矮胖个子的先生，每次去城里就为买份当天的日报，在咖啡馆里泡上一会儿，然后腋下夹着报纸回到车上。

有一天，他刚想上车就在路边滑倒了，车上的人们立即围了上去，七手八脚地抬起他。有人叫来救护车，救护车刚启动，她就发现了掉在路沟边的那份报纸。司机心领神会地开车紧紧追赶启动不久的救护车，让她可以把报纸从救护车的窗子里塞进去。

有天傍晚，同坐车的一对夫妇走进一家小餐厅，发现那位夫人常穿的外套，然后是那张饱经风霜的脸。

他们仍像以往那样朝她点头——然而，这次——似乎冰封的河水在春日阳光的照射下融解了——她的脸上出现了只有遇到熟人才会有的表情，语句一字一顿从她口中蹦出。

直到那时，他们才发现，她口吃。她有一个低能的儿子，如今送进了特别护理院。坐车去城里看儿子是她每星期最重要的一件事。在餐厅的偶然相遇，使她感到"我们分享了友谊"。

星期日的早晨，那位中年妇女又上车了，同样是那个座位，那条线路，那杯热咖啡。只是放在司机面前的，已不仅仅是一杯热咖啡了。长途车变成了友谊的大家庭。

人生好运念

许多人和陌生人相处时总是感到发怵、不好意思，就摆出冷冰冰的面孔，一副生人勿扰的表情，其实，冷冰冰的面孔下大多藏着渴望志趣相投者的搭讪。所以只要你敢于大方地首先伸出你的双手，对方也一定会给你热情的回报的。

——第三念 人际——不要一心只忙工作，人情练达方成功

率先行动，赢得和谐的人际关系

乔治和吉姆是邻居，但他们确实不是什么好邻居。虽然谁也记不清到底是为什么，但就是彼此不睦。他们只知道不喜欢对方，有这个原因就足够了。

他们时有口角发生。尽管夏天在后院开除草机除草时车轮常常碰在一起，但多数情况下双方连招呼也不打。

后来，夏天晚些时候，乔治和妻子外出两周去度假。开始吉姆和妻子并未注意到他们走了。也是，他们注意干什么？除了口角之外，他们相互间很少说话。

但是一天傍晚吉姆在自家院子除过草后，注意到乔治家的草已很高了。自家草坪刚刚除过看上去特别显眼。

对开车过往的人来说，乔治和妻子很显然是不在家，而且已离开很久了。吉姆想这等于公开邀请夜盗入户，而后一个想法像闪电一样攫住了他。

"我又一次看看那高高的草坪，心里真不愿去帮我不喜欢的人。"吉姆说，"不管我多想从脑子里抹去这种想法，但去帮忙的想法却挥之不去。第二天早晨我就把那块长疯了的草坪弄好了！

"几天之后，乔治和多拉在一个周日的下午回来了。他们回来不久，我就看见乔治在街上走来走去。他在整个街区每所房子前都停留过。

"最后他敲了我的门，我开门时，他站在那儿正盯着我，脸上露出奇怪和不解的表情。

"过了很久，他才说话，'吉姆，你帮我除草了？'他最后问。这是他很久以来第一次叫我吉姆。'我问了所有的人，他们都没除。杰克说是你除的，是真的吗？是你除的吗？'他的语气几乎是在责备。

"'是的，乔治，是我除的。'我说，几乎是挑战性的，因为我等着他因为我除他的草而大发雷霆。

"他犹豫了片刻，像是在考虑要说什么。最后他用低得几乎听不见的声音嘟囔说谢谢之后，急转身马上走开了。"

乔治和吉姆之间就这样打破了沉默。他们还没发展到在一起打高尔夫球或保龄球，他们的妻子也没有为了互相借点儿糖或是闲聊而频繁地走动，但他们的关系却在改善。

至少除草机开过的时候他们相互间有了笑容，有时甚至说一声"你好"。先前他们后院的战场现在变成了非军事区。谁知道？他们甚至会分享同一杯咖啡。

人生好运念

　　假如你想化敌为友，就得迈出第一步。否则，不会有任何进展。当你和别人之间发生矛盾的时候，要主动示好，积极采取可以和解的行动，这样才能赢得和谐的人际关系，享受幸福的人生。

想受人欢迎就要学会倾听

韦恩是罗宾见到的最受欢迎的人士之一。他总能受到邀请。经常有人请他参加聚会、共进午餐、担任基瓦尼斯国际或扶轮国际的客座发言人、打高尔夫球或网球。

一天晚上,罗宾碰巧到一个朋友家参加一次小型社交活动。他发现韦恩和一个漂亮女孩坐在角落里。出于好奇,罗宾远远地注意了一段时间。

罗宾发现那位年轻女孩一直在说,而韦恩好像一句话也没说。他只是有时笑一笑,点一点头,仅此而已。几小时后,他们起身,谢过男女主人,走了。

第二天,罗宾见到韦恩时禁不住问道:"昨天晚上我在斯旺森家看见你和最迷人的女孩在一起。她好像完全被你吸引住了。你怎么抓住她的注意力的?"

"很简单,"韦恩说,"史旺森太太把乔安介绍给我,我只对她说：'你的皮肤晒得真漂亮，在冬季也这么漂亮，是怎么做的？你去哪儿呢？阿卡普尔科还是夏威夷？''夏威夷，'她说，'夏威夷永远都风景如画。''你能把一切都告诉我吗？'我说。'当然。'她回答。我们就找了个安静的角落，接下去的两个小时她一直在谈夏威夷。"

"今天早晨乔安打电话给我，说她很喜欢我陪她。她说很想再见到我，因为我是最有意思的谈伴。但说实话，我整个晚上没说几句话。"

看出韦恩受欢迎的秘诀了吗？很简单，韦恩只是让乔安谈自己。他对每个人都这样——对他人说："请告诉我这一切。"这足以让一般人激动好几个小时，人们喜欢韦恩就因为他注意他们。

人生好运念

假如你也想让大家都喜欢，千万千万不要谈自己，而要让对方谈他的兴趣、他的事业、他的高尔夫积分、他的成功、他的孩子、他的爱好和他的旅行，如此等等。让他人谈自己，一心一意地倾听，那么无论走到哪里，你都会大受欢迎的。

给对方一个痛哭的机会

英国一个著名的芭蕾舞童星艾利,只有 12 岁,不幸由于骨癌准备截肢。

手术前,艾利的亲朋好友,包括她的观众闻讯赶来探望。这个说:"别难过,没准儿出现奇迹,还有机会慢慢站起来呢。"那个说:"你是个坚强的孩子,一定要挺住,我们都在为你祈祷!"艾利一言不发,默默地向所有人微笑致谢。

她很想见到戴安娜王妃,她优美的舞姿曾得到戴妃的赞美,夸她像"一只洁白的小天鹅"。

经过别人转达她的愿望,戴安娜王妃真的在百忙中赶来了。她把艾利搂进怀里说:"好孩子,我知道你一定很伤心,痛痛快快地哭吧,哭够了再说。"艾利一下子泪如泉涌。

自从得了病，什么安慰的话都有人说了，就是没有人说过这样的话，艾利觉得最能体贴理解她的就是这样的话！

这个故事让我们相信戴安娜王妃的情商一定很高，这种独有的天赋让她的形象在人们心中永远那么慈善温柔，颇具亲和力，无人能够替代。

世界上有许多聪明的人，会说许多聪明的话，但是，聪明的话说出来不一定贴切，不一定说得让人欣慰，不一定说得让人心存感激。其实这样的话都是些非常简单的话，可惜简单的话并不是人人都懂得该怎么说。

人生好运念

当别人遭遇坎坷磨难时，我们也许根本帮不上什么忙，只能用一些简单的话去安慰一下，这完全没有效果甚至起反作用。如果你找不到合适的话，就静静陪伴，给对方一个痛哭的机会吧！

摒弃自私狭隘的恶习

村里有两个要好的朋友,他们也是非常虔诚的教徒。有一年,决定一起到遥远的圣山朝圣,两人背上行囊,风尘仆仆地上路,誓言不达圣山朝拜,绝不返家。

两位教徒走啊走,走了两个多星期之后,遇见一位年长的圣者。

圣者看到这两位如此虔诚的教徒千里迢迢要前往圣山朝圣,就十分感动地告诉他们:"从这里距离圣山还有七天的路程,但是很遗憾,我在这十字路口就要和你们分手了,而在分手前,我要送给你们一个礼物!就是你们当中一个人先许愿,他的愿望一定会马上实现;而第二个人,就可以得到那愿望的两倍!"

听完了圣者的话，其中一个教徒心里想："这太棒了，我已经知道我想要许什么愿了，但我绝不能先讲，因为如果我先许愿，我就吃亏了，他就可以有双倍的礼物！不行！"

而另外一个教徒也自忖："我怎么可以先讲，让我的朋友获得加倍的礼物呢？"

于是，两位教徒就开始客气起来，"你先讲吧！""你比较年长，你先许愿吧！""不，应该你先许愿！"两位教徒彼此推来推去，"客套地"推辞一番后，两人就开始不耐烦起来，气氛也变了："烦不烦啊？你先讲啊！""为什么我先讲？我才不要呢！"

两人推到最后，其中一人生气了，大声说道："喂，你真是个不识相、不知好歹的家伙啊，你再不许愿的话，我就把你掐死！"

另外那个人一听，他的朋友居然变脸了，竟然来恐吓自己！于是想，你这么无情无义，我也不必对你太有情有义！我没办法得到的东西，你也休想得到！

于是，这个教徒干脆把心一横，狠心地说道："好，我先许愿！我希望……我的一只眼睛……瞎掉！"

很快地，这位教徒的一只眼睛瞎掉了，而与他同行的好朋友，两只眼睛也立刻都瞎掉了！

狭隘的心理不但让两个好朋友闹翻脸，甚至还让人通过伤害自己的方式来毁灭他人。如果一个人养成了狭隘自私的心态，那么他会变得多可怕呀！所以我们必须学会和他人分享。

人生好运念

懂得分享的人，才能拥有一切；自私狭隘的人，终将被人抛弃。无论是工作中还是生活中，我们一定要注意摈弃自私狭隘的习惯，否则做出损人不利己的事情，最后还是害了自己。

不要总期待别人手下留情

日本一家大公司准备从新招的三名员工中选出一位做销售代表，于是，对他们施行上岗前的"魔鬼训练"，予以考核。

公司将他们从横滨送往广岛，让他们在那里生活一天，按最低标准给他们每人一天的生活费用2000日元，最后看他们谁剩的钱多。

剩是不可能的，一杯绿茶的价格是300日元，一听可乐的价格是200日元，最便宜的旅馆一夜就需要2000日元……也就是说，他们手里的钱仅仅够在旅馆里住一夜，要么就别睡觉，要么就别吃饭，除非他们在天黑之前让这些钱生出更多的钱。而且他们必须单独生存，不能联手合作，更不能给人打工。

第一位先生非常聪明，他用500日元买了一副墨镜，用剩下的钱买了一把二手吉他，来到广岛最繁华的地段——新干线售票大厅外的广场上，扮起了"盲人卖艺"，半天下来，他的大琴盒里已经是满满的钞票了。

第二位先生也非常聪明，他花500日元做了一个大箱子放在最繁华的广场上，呼吁大家募捐，然后，他用剩下的钱雇了两个口齿伶俐的中学生做现场宣传讲演，还不到中午，他的大募捐箱就满了。

第三位先生像是个没头脑的家伙，或许他太累了，他做的第一件事是找了个小餐馆，一杯清酒、一份生鱼、一碗米饭，好好地吃了一顿，一下子就消费了1500日元。然后钻进一辆被废弃的汽车里美美地睡了一觉……

广岛的人真不错，第一位先生和第二位先生的"生意"都非常好，一天下来，他们对自己的聪明和不错的收入暗自窃喜。

谁知，傍晚时分，厄运降临到他们头上，一名衣服上贴着胸卡、腰间挂着枪的稽查人员出现在广场上。他摘掉了第一位先生的"盲人"眼镜，摔碎了吉他；撕破了第二位先生募捐人的箱子，并赶走了他雇的学生，没收了他们的"财产"，收缴了他们的身份证，还扬言要以欺诈罪起诉他们……

当第一位先生和第二位先生想方设法借了点儿路费，狼狈不堪地返回横滨总公司时，已经比规定时间晚了一天，更让他们脸红的是，那个"稽查人员"已在公司恭候！

原来，他就是那个在饭馆里吃饭、在汽车里睡觉的第三位先生。他的投资是用150日元做了一枚胸卡，花350日元从一个拾垃圾的老人那儿买了一把旧玩具手枪，以及化装用的络腮胡子。当然，还有就是花1500日元吃了顿饭。

这时，公司营业部科长走出来，一本正经地对站在那里发呆的"盲人"和"募捐人"说："企业要生存发展，要获得丰厚的利润，不仅仅是会吃市场，最重要的是懂得怎样吃掉对手。"

竞争是一种十分残酷的东西，它不留情面，不循常理。在充满竞争的社会里，在推销自己和经营事业的时候，不要指望和别人和平相处，这样的想法会让你不思进取。你必须战胜对手，不然的话你就会被社会埋没、被对手"吃掉"。

人生好运念

生活中，我们可能也会遇到各种各样的竞争，职场上的，爱情中的……我们在提高自己实力的同时，千万不能忘了防范和反击竞争对手，否则，你就会成为失败者。

别让盲目的信任伤着自己

一只母野鸭和一条大花蛇成了邻居,野鸭非常热心,它想"远亲不如近邻",搞好邻里关系,有事彼此还可以照顾着点儿。

于是,它就经常给大花蛇送点儿点心什么的,大花蛇对野鸭也很热情,一口一个"大姐",嘴儿甜着呢!

一段时间后,野鸭当妈妈了,六个可爱的小野鸭在窝里跑来跑去可爱极了。附近的食物吃得差不多了,野鸭妈妈想去远处给孩子们找食物,但又担心孩子们的安全。

正在为难时,大花蛇跑了来,自告奋勇地要照顾小野鸭,"大姐,你去找食物吧!我帮你看着孩子!你看它们多可爱呀,我这个当舅舅的一定要照顾好它们!"野鸭妈妈听了大花蛇的话,就放心地飞走了。

傍晚野鸭妈妈满载而归,可是窝里却空空的。小宝宝哪里去了呢?野鸭妈妈放下食物,赶快去找邻居花蛇。一进门它看到花蛇躺在床上，肚子鼓鼓的，嘴边还沾着小野鸭的羽毛！

野鸭妈妈愤怒地哭骂起来，花蛇却无赖地拍拍肚子说："大姐，别哭了，它们不是一只没少吗？说真的，你什么时候再生一窝，味道好极了！"

野鸭会失去孩子就是因为她太早撤去了对朋友的戒心，竟然在不了解花蛇本性的情况下，就将自己的孩子托付给它。有的人可能会觉得野鸭傻得可笑，但在生活中，也有不少人会犯它的这种错误。

人生好运念

每个人都渴望有一个知心的朋友，但人性是复杂的，知人知面难知心。当你真心实意地去对待别人时，很可能会遭到对方的欺骗或背叛，所以与人交往时还是保留一份戒心吧！古人一再告诫我们"逢人只说三分话，未可全抛一片心"。在待人处世中，对刚认识的人，尤其是对那些摸不清底细的人，千万不要轻易"交心"，对他们太过老实厚道，吃亏受伤害的将是你自己。

第四念 梦想
——梦想指引方向，忙也要看清目标

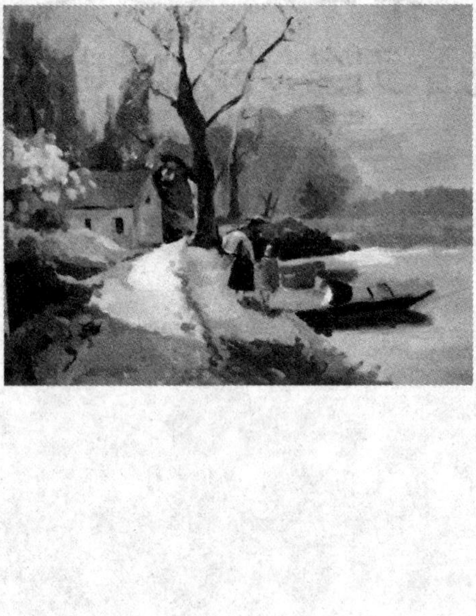

抽出空来看看路，让忙碌更有效

从20世纪80年代起，比尔·盖茨每年都要进行两次为期一周的"闭关修炼"。

在这一周的时间里，他会把自己关在太平洋西北岸的一处临水别墅中，闭门谢客，拒绝与包括自己家人在内的任何人见面。通过"闭关"使自己处于完全的封闭状态，完全脱离日常事务的烦扰，静心思考一些对公司、技术非常重要的问题。

比尔·盖茨的"闭关"不只是一种休息方式，更是一种高效率的工作模式，是一项让整个微软公司和他自己能找准路线的重要工作。

人生好运念

中国古话说得好：前车之覆，后车之鉴。现实中，我们不一定知道正确的道路是什么，但时时反省却可以使我们不会在错误的道路上走得太远。有不少"穷忙族"总是抱怨自己忙，没有时间，殊不知抽出空来抬头看看路能让今后的忙碌更具成效。

明确的目标才能取得卓越的成就

爱因斯坦的一生的成功，是世界公认的，他被誉为20世纪最伟大的科学家。他之所以能够取得如此令人瞩目的成绩，和他一生具有明确的奋斗目标是分不开的。

他出生在德国一个贫苦的犹太家庭，家庭经济条件不好，加上自己小学、中学的学习成绩平平，虽然有志往科学领域进军，但他有自知之明，知道必须量力而行。

他进行自我分析：自己虽然总体成绩平平，但对物理和数学有兴趣，成绩较好。自己只有在物理和数学方面确立目标才能有出路，其他方面是不及别人的。因而他读大学时选读瑞士苏黎世联邦理工学院物理学专业。

由于奋斗目标选得准确，爱因斯坦的个人潜能就得以充分发挥，他在 26 岁时就发表了科研论文《分子尺度的新测定》，以后几年他又相继发表了四篇重要科学论文，发展了普朗克的量子概念，提出了光量子除了有波的性状外，还具有粒子的特性，圆满地解释了光电效应，宣告狭义相对论的建立和人类对宇宙认识的重大变革，取得了前人未有的显著成就。

可见，爱因斯坦确立目标的重要性。假如他当年把自己的目标确立在文学上或音乐上（他曾是音乐爱好者），恐怕就难于取得像在物理学上那么辉煌的成就。

为了避免耗费人生有限的时光。爱因斯坦善于根据目标的需要进行学习，使有限的精力得到了充分的利用。他创造了高效率的定向选学法，即在学习中找出能把自己的知识引导到深处的东西，抛弃使自己头脑负担过重和会把自己诱离要点的一切东西，进而使他集中力量和智能攻克选定的目标。

他曾说过，我看到数学分成许多专门领域，每个领域都能花去我们短暂的一生。

而物理学也分成了各个领域，其中每个领域都能吞噬一个人短暂的一生。在这个领域里，我不久学会了识别出那种能导致深化知识的东西，而把其他许多东西撇开不管，把许多充塞脑袋，并使其偏离主要目标的东西撇开不管。

他就是这样指导自己的学习的。为了阐明相对论，他专门选学了非欧几何知识，这样定向选学法，使他的立论工作得以顺利进行和正确完成。

如果他没有意向创立相对论，是不会在那个时候学习非欧几何的；如果那时候他无目的地涉猎各门数学知识，相对论也未必能这么快就产生。

　　爱因斯坦正是在十多年时间内专心致志地攻读与自己的目标相关的书和研究相关的目标，终于在光电效应理论、布朗运动和狭义相对论三个不同领域取得了重大突破。

人生好运念

　　在人生的竞赛场上，没有确立明确目标的人，是不容易得到成功的。许多人并不乏信心、能力、智力，只是没有确立目标或没有选准目标，所以没有走上成功的途径。这道理很简单，正如一位百发百中的神射手，如果他漫无目标地乱射，也不能在比赛中获胜。

没有进取心的人永远不会成功

有一天，尼尔去拜访毕业多年未见的老师。老师见了尼尔很高兴，就询问他的近况。这一问，引发了尼尔一肚子的委屈。

尼尔说："我对现在做的工作一点儿都不喜欢，与我学的专业也不相符，整天无所事事，工资也很低，只能维持基本的生活。"

老师吃惊地问："你的工资如此低，怎么还无所事事呢？"

"我没有什么事情可做，又找不到更好的发展机会。"尼尔无可奈何地说。

"其实并没有人束缚你，你不过是被自己的思想抑制住了，明明知道自己不适合现在的位置，为什么不去再多学习其他的知识，找机会自己跳出去呢？"老师劝告尼尔。

尼尔沉默了一会儿说："我运气不好，什么样的好运都不会降临到我头上的。"

"你天天在梦想好运,而你却不知道机遇都被那些勤奋和跑在最前面的人抢走了,你永远躲在阴影里走不出来,哪里还会有什么好运,"老师郑重其事地说,"一个没有进取心的人,永远不会得到成功的机会的。"

如果一个人把时间都用在了闲聊和发牢骚上,就根本不会想用行动改变现实的境况。对于他们来说,不是没有机会,而是缺少进取心。当别人都在为事业和前途奔波时,自己只是茫然地虚度光阴,根本没有想到去跳出误区,结果只会在失落中徘徊。

如果一个人安于贫困,视贫困为正常状态,不想努力挣脱贫困,那么在身体中潜伏着的力量就会失去它的效能,他的一生便永远不能脱离贫困的境地。

人生好运念

贫穷本身并不可怕,可怕的是这样的安于贫穷的思想,一旦这样的思想扎根心底,我们就会丢失进取心,也就永远走不出失败的阴影。

寻找前进的动力

在非洲一片茂密的丛林里走着四个皮包骨头的男子,他们扛着一只沉重的箱子,在茂密的丛林里踉踉跄跄地往前走。

这四个人是：巴里、麦克里斯、约翰斯、吉姆。他们是跟随队长马克格夫进入丛林探险的。马克格夫曾答应给他们优厚的工资。但是,在任务即将完成的时候,马克格夫不幸得病长眠在丛林中。

这个箱子是马克格夫知道自己走不出丛林时亲手制作的。他十分诚恳地对四人说道："我要你们向我保证,一步也不离开这个箱子。如果你们把箱子送到我朋友麦克唐纳教授手里,你们将获得比金子还要贵重的东西。我想你们会送到的,我也向你们保证,比金子还要贵重的东西,你们一定能得到。"

埋葬了马克格夫以后,这四个人就上路了。

但密林的路越来越难走,箱子也越来越沉重,而他们的力气却越来越小了，他们像囚犯一样在泥潭中挣扎着。一切都像在做噩梦，而只有这只箱子是实在的，是这只箱子在支撑着他们的身躯！否则他们全倒下了。

他们互相监视着，不准任何人单独乱动这只箱子。在最艰难的时候，他们想到了未来丰厚的报酬……

终于有一天，绿色的屏障突然拉开，他们经过千辛万苦终于走出了丛林。四个人急忙找到麦克唐纳教授，迫不及待地问起应得的报酬。

教授似乎没听懂，只是无可奈何地把手一摊，说道："我是一无所有啊，噢，或许箱子里有什么宝贝吧。"

于是当着四个人的面，教授打开了箱子，大家一看，都傻了眼，满满一堆无用的石头！

"这开的是什么玩笑？"约翰斯说。

"一文钱都不值，我早就看出那家伙有神经病！"吉姆吼道。

"比金子还贵重的报酬在哪里？我们上当了！"麦克里斯愤怒地嚷着。

此刻，只有巴里一声不吭，他想起了他们刚走出的密林里，到处是一堆堆探险者的白骨，他想起了如果没有这只箱子，他们四人或许早就倒下去了……

想到这里，巴里站起来，对伙伴们大声说道："你们不要再抱怨了。我们得到了比金子还贵重的东西，那就是生命！"

人生好运念

　　人是具有高级思维能力的生命，行动必须要有目的，尽管有些目的最后是无法实现，但至少它曾经给你希望，支撑了你的一段生活，因而这段生活不再无聊、悲观，使你不再觉得每天无所事事。生命的意义在于运动，而目标就是你最好的动力，请记住：一定要给自己一个明确的目标。

梦想引导人生

在一些著名人物的传记中，我们经常可以看到：他们往往要等很多年，才能够获得成功。

英国作家托尔金把自己半辈子的心血都花在他的史诗《魔戒三部曲》上；法国的萨特几乎用了十年的时间来写他的第一本书，在十年的时间当中，萨特只专心撰写这唯一的一本书，三易其稿，可是最后却遭到了所有出版商的拒绝。

试想一下：如果没有一个远大的愿望和梦想支撑着他们，他们能有这么大的动力吗？如果他们没有自己的梦想作为动力，他们又怎么会牺牲自己生命中这么多宝贵的时间呢？

很多艺术家们长达几年地专攻一幅画作、一本小说或一部戏剧，他们过着完全没有保障的生活，常常陷入贫困、经济拮据，但是所有这一切他们都可以置之不顾，只为了能够使自己的梦想成真。

演员、歌唱家和舞蹈家也是如此，即使经过几年的奋斗仍然不成功，但是他们却从不轻易放弃自己的理想，他们当中有许多人是过了很久才成名的。

如果问他们：付出这么多艰辛值得吗？他们会回答说：必要的话，还将一直这么做下去。

一个人丰富的内心世界和梦想在他人的眼里也许会显得"很古怪"，但是这恰恰是一个人真正拥有的财富。

凡是努力工作、具有创造力的人，其最后目的就是为了实现自己的愿望。如果一个人没有了自己的愿望，那他就根本不可能有什么动力。

人生好运念

一个人如果对自己的事业充满热爱，并选定了自己的工作愿望，就会自发地尽自己最大的努力去工作。如果一个人一生当中没有任何目标，那他最后就会迷失自己。

目标要有可行性

1952年7月4日清晨，加利福尼亚海岸笼罩在浓雾中。在海岸以西21英里的卡塔林纳岛上，34岁的费罗伦斯涉水进入太平洋中，开始向加州海岸游去。要是成功了，她就是第一个游过这个海峡的女人。

在此之前，她是从英法两边海岸游过英吉利海峡的第一个女人。

那天早晨，雾很大，她连护送她的船都几乎看不到。时间一个钟头一个钟头过去，千千万万人在电视上注视着她。有几次，鲨鱼靠近了她，被人开枪吓跑了。她仍然在游。在以往这类渡海游泳中，她的最大问题不是疲劳，而是刺骨的海水。

15个钟头之后，她被冰冷的海水冻得浑身发麻。她的母亲和教练在另一条船上，他们告诉她海岸很近了，叫她不要放弃。但她朝加州海岸望去，除了浓雾什么也看不到。她知道自己不

——第四念 梦想——
梦想指引方向，忙也要看清目标

能再游了，就叫人拉她上船。

上船后，她渐渐觉得暖和多了，这时却开始感到失败的打击。她不假思索地对记者说："说实在的，我不是为自己找借口。如果当时我看见陆地，也许我能坚持下来。"

人们拉她上船的地点，离加州海岸只有半英里！

后来她说，真正令她半途而废的不是疲劳，也不是寒冷，而是因为在浓雾中看不到目标。费罗伦斯一生中就只有这一次没有坚持到底。

两个月之后，她成功地游过了同一个海峡。她不但是第一位游过卡塔林纳海峡的女性，而且比男子的纪录还快了大约两个钟头。

费罗伦斯虽然是个游泳好手，但她也需要看见目标，才能鼓足干劲儿完成她有能力完成的任务。因此，当你规划自己的成功时千万别低估了制定可测目标的重要性。

人生好运念

许多人埋头苦干，却不知所为何来，到头来发现成功的阶梯搭错了方向，却为时已晚。因此，我们必须掌握真正的目标，并拟定可行性目标，澄明思想，凝聚继续向前的力量。

计划不需要过分周密

15年前,比尔已经决定自己要做一个计算机工程师。他的妻子认为这是个好想法,并且想知道他想到哪儿上学。

"我还不知道,"比尔回答说,"但是我明天将查查这些学校。"

比尔开始一一查找,甚至包括外国的一些学校。他尽可能地到那些学校同学校的师生交谈。很快地,他累积了相关学校、公司和行业的信息。

规划是一件很复杂的事。每一所学校都有其长处和短处,比尔一一审查。他觉得放弃每一种可能性都是可惜的。

比尔全面地审查,花了大量的时间去评估那些需求和趋势。当然在他挑选学校时,必须考虑如何养家糊口和与家人保持联系。在得到每一个新信息和考虑新因素时,比尔都要通盘考虑他的行动计划,花几星期、几个月甚至几年的时间,对它所需要的和可能造成的后果进行调整和评估。

比尔想找到成为计算机工程师的最好办法，整整一年他都在考虑，然后是两年、三年、四年……

比尔当然知道，要成为一个计算机工程师，他需要将目标分成几个必须采取的步骤，毕竟他不能直接走入霍尼韦尔公司，坐在计算机桌前，并宣称自己是个工程师，目标就达成了。

但比尔失误之处在于：他把这些行为划分成太小的单元。比尔一直忙于收集和分析堆积如山的信息，虽然这么做的结果，可能会达到天衣无缝的境界，但也有可能等到他做出选择时，计算机已经过时，也就是说，比尔在细节中迷失了。

如此细致、周密的计划可能会造成需要和实现的大量延误，除此之外，狭隘、详细的计划还可能成为进度迟滞不前的障碍。

世界的不确定性决定了意外结果的存在，如果比尔选择的学校改变了入学要求，或他的妻子怀孕了（且可能是双胞胎），或他在现在的工作岗位上被升职了，或他发觉他对计算机已失去兴趣……这时怎么办？

所以，不要把时间浪费在无谓的细节里，因为任何瞬息万变的因素，都可能让完美的计划功亏一篑。

人生好运念

如果你的计划太详细，并且你要求严格地去实现，你的生活将成为一幅定格画。当你顽固地在寻找好的颜色时，你将很难对整幅画进行整体把握。你失去了动态中对画面进行调整的机会，并且如果某种颜料用完的话，你可能被迫停止工作。

——第四念 梦想——
梦想指引方向，忙也要看清目标

分解目标，轻便走向成功路

山本是一位业绩出色的保险推销员，可是他并没有满足，而是一直都希望跻身于业绩最高者的行列。

但这一切开始只不过停留在愿望之中，他从未真正争取过。直到两年后的一天，他把这个愿望不经意地告诉父亲，父亲教导他说："如果让愿望更加明确，设立属于你自己的一个个路标，你才会去努力实现它。"

于是，他当晚就开始设定自己希望的总业绩，然后再逐渐增加。这里提高5%，那里提高10%，结果总业绩增加了20%。

这样的一种人生道路的路标设定点燃了山本的激情，从此他不论谈任何交易，都会设立一个明确的数字作为路标，并努力在一两个月之内完成。

"我觉得，自己标定的路标越是明确越感到自己对达到目标有股强烈的自信和决心。"山本说。他的计划里包括想得到的收入、地位和能力，然后，他把所有的访问都准备得充分完善，努力积累相关的业务知识，终于在这一年的年底，创造了自己业绩的新纪录。

山本给自己做了一个总结："以前，我不是不曾考虑过要扩展业绩，提高自己的工作成就。但是因为我总是想一想而已，没有付诸行动，所以所有的愿望都落空了。自从我明确设立了一个个小路标，以及为了切实实现目标而设定具体的数字和期限后，我才真正感受到，强大的推动力正在鞭策我去完成它。"

人生好运念

要获得一定的成就，就一定要发现或搞清楚你的主要人生目标是什么，你的人生主要目标，应该是一个你终生追求的方向，而绝不是自己的无知狂妄，而是引据自身能力制定的可行之道，朝着这个方向努力，标定一个个小路标，一步步走过，成功便指日可待。

了解自己到底想要干什么

有一个25岁的年轻人，因为对自己的工作不满意，他跑来向柯维咨询。他对自己的生活目标是：找一份称心如意的工作，改善自己的生活处境。他生活的动机似乎不全是出自私心而且是完全有价值的。

"那么，你到底想做点什么呢？"柯维问。

"我也说不太清楚，"年轻人犹豫不决地说，"我还从没有考虑过这个问题。我只知道我的目标不是现在的这个样子。"

"那么你的爱好和特长是什么呢？"柯维接着问，"对于你来说，最重要的是什么？"

"我也不知道，"年轻人回答说，"这一点我也没有仔细考虑过。"

"如果让你选择，你想做什么呢？你真正想做的是什么？"柯维对这个话题穷追不舍。

"我真的说不准，"年轻人困惑地说，"我真的不知道我究竟喜欢什么，我从没有仔细考虑这个问题，我想我确实应该好好考虑考虑了。"

"那么，你看看这里吧，"柯维说，"你想离开你现在所在的位置，到其他地方去。但是，你不知道你想去哪里。你不知道你喜欢做什么，也不知道你到底能做什么。如果你真的想做点儿什么的话，那么，现在你必须拿定主意。"

柯维和年轻人一起进行了彻底的分析。

柯维对这个年轻人的能力进行测试，他发现这个年轻人对自己所具备的才能并不了解。柯维知道，对每一个人来说，前进的动力是不可缺少的，因此，他教给年轻人培养信心的技巧。现在，这位年轻人已经满怀信心地踏上了成功的征途。

现在，他已经知道他到底想做什么，知道他应该怎么做。他懂得怎样才能事半功倍，他期待着收获，他也一定能获得成功——因为没有什么困难能挡住他前进的脚步。

第四念 梦想——梦想指引方向，忙也要看清目标

人生好运念

　　许多人之所以在生活中一事无成，最根本的原因在于他们不知道自己到底要做什么。在生活和工作中，明确自己的目标和方向是非常必要的，只有在知道你的目标是什么、你到底想做什么之后，你才能够达到自己的目的，你的梦想才会变成现实。

坚持梦想就会成功

一位叫罗勃的英国教师，在整理阁楼上的旧物时，发现一迭练习册，那是以前他所教过的某一班的春季作文，题目叫《未来我是……》。

他本以为这些东西在德军空袭伦敦时被炸飞了，没想到它们竟安然地躺在自己家里，并且一躺就是25年。

罗勃顺便翻了几本，很快就被孩子们千奇百怪的自我设计迷住了。

例如，有个叫彼得的学生说，未来的他是海军大臣，因为有一次他在海中游泳，喝了三升海水，都没被淹死，还有一个说，自己将来必定是法国的总统，因为他能背出25个法国城市的名字，而同班的其他同学最多的只能背出7个。

最让人称奇的，是一个叫戴维的盲学生，他认为，将来他必定是英国的一个内阁大臣，因为在英国还没有一个盲人进入过内阁。

总之，31个孩子都在作文中描绘了自己的未来。有当驯狗师的，有当领航员的，有做王妃的……五花八门，应有尽有。

罗勃读着这些作文，突然有一种冲动——何不把这些本子重新发到同学们手中，让他们看看现在的自己是否实现了25年前的梦想。

当地一家报纸得知他这一想法后，为他发了一则启事。没几天，书信向罗勃飞来。他们中间有商人、学者及政府官员，更多的是没有身份的人，他们都表示，很想知道儿时的梦想，并且很想得到那本作文簿，罗勃按地址一一给他们寄去。

一年后，罗勃身边仅剩下一个作文簿没人索要。他想，这个叫戴维的人也许死了。毕竟25年了，25年间是什么事都会发生的。

就在罗勃准备把这个本子送给一家私人收藏馆时，他收到内阁教育大臣布伦克特的一封信。

他在信中说，那个叫戴维的就是我，感谢您还为我们保存着儿时的梦想。不过，我已经不需要那个本子了，因为从那时起，我的梦想就一直在我的脑子里，我没有一天放弃过；25年过去了，可以说我已经实现了那个梦想。

今天，我还想透过这封信告诉我其他的30位同学，只要不让年轻时的梦想随岁月飘逝,成功总有一天会出现在你的面前。

布伦克特的这封信后来被发表在《太阳报》上,因为他作为英国第一位盲人大臣,用自己的行动证明了一个真理:假如谁能把 15 岁时想当大臣的愿望保持 25 年,那么他现在一定已经是大臣了。

人生好运念

取得成功不仅仅是确立目标,更重要的是勇敢的、持续不断地朝着这个目标前进的执著精神,两者相辅相成,缺一不可。没有明确的目标,如黑暗中转圈,缺乏执著的精神,遇到挫折容易放弃,最后摘不到胜利的果实。明确的目标和执著的精神相统一,才可以让你实现理想!

穷，也要站在富人堆里

"有一种穷人算是穷到了家。他们宁愿位列一支穷人的队伍之首做一辈子穷人，也不愿跑到一支富人的队伍之尾去做一会儿富人。"这是一名日本学者手岛佑郎，在演讲时所说的话。

他的演讲题目是"穷，也要站在富人堆里！"

先后在以色列和美国专研犹太商法已达三十余年的手岛佑郎不愧是个博士。他在简要讲述犹太史和犹太圣典《塔木德》，以及它们与"穷，也要站在富人堆里！"的关系之前，先说起了两个极短的故事。

在每一个犹太人家里，当小孩稍稍懂事时，母亲就会翻开圣典，滴一滴蜂蜜在上面，然后叫小孩子去吻经书上那滴蜂蜜。

犹太人的孩子几乎都要回答母亲同一个问题："假如有一天，你的房子突然起火，你会带什么东西逃跑？"

如果孩子回答是钱或钻石，那么母亲会进一步问："有一种无形、无色也无气味的宝贝,你知道是什么吗?"

要是孩子答不出来,母亲就会说:"孩子,你应带走的不是别的,而是这个宝贝,这个宝贝就是智慧。智慧是任何人都抢不走的。你只要活着,智慧就永远跟随着你。"

手岛佑郎一一列举了犹太商法的种种智慧。这时,一个迟到的听众递上一张纸条,问什么是犹太商法。

手岛佑郎大声说:我在解释之前,先向你提三个问题吧。

第一个问题,如果有两个犹太人掉进了一个大烟囱,其中一个身上满是烟灰,而另一个却很干净,那么他们谁会去洗澡?

"当然是那个身上脏的人!"

"错!那个被弄脏的人看到身上干净的人,认为自己一定也是干净的,而干净的人看到脏人,认为自己可能和他一样脏,所以是干净的人要去洗澡。"

第二个问题,他们后来又掉进了那个大烟囱,情况和上次一样,哪一个会去澡堂?

"这还用说吗,是那个干净的人!"

"又错了!干净的人上一次洗澡时发现自己并不脏,而那个脏人则明白了干净的人为什么要去洗澡,所以这次脏人去了。"

第三个问题,他们再一次掉进大烟囱,去洗澡的是哪一个?

"是那个脏人?不,是那个干净的人!"

"你还是错了!你见过两个人一起掉进同一个烟囱,结果一个干净、一个脏的事情吗?"

所有听众一时寂静，只有手岛佑郎的声音在回响着："这就是犹太商法，这就是'穷，也要站在富人堆里！'的灵魂精神！穷是一种切肤没齿的感受，富是一种矜持倨傲的状态。穷人赞羡富人积累财富的结果，却忽略了富人通达财路的智慧。

"穷到富的转变是大多数人憧憬的，但没有致富的思想和手段，富有殷实只是聊以自慰的幻想。穷人不能只是慨叹命运不济。穷人只有站在富人堆里，汲取他们致富的思想，比肩他们成功的状态，才能真正实现致富的目标。"

人生好运念

很多人工作很努力，人也非常聪明，可是他们依旧很穷。原因在哪里？原因就在我们没有用富人的眼光看问题，我们还停留在穷人的境界里。穷，也要站在富人堆里！就是因为我们穷，所以我们才要向富人学习。

理想远大你就不再卑微

　　从前，在某个山岗上，三棵小树站在上面，梦想长大后的光景。

　　第一棵小树仰望天空，看着闪闪发光的繁星。"我要承载财宝，"它说，"要被黄金遮盖，载满宝石。我要成为世上最美丽的藏宝箱！"

　　第二棵小树低头看着流往大海的小溪。"我要成为坚固的船，"它说，"我要遨游四海，承载许多强大的国王，我将成为世上最坚固的船！"

　　第三棵小树看着山谷上面，以及在市镇里忙碌来往的男女，"我要长得够高大，以致人们抬头看我时，也将仰视天空，想到神的伟大，我将成为世上最高的树！"

　　许多年过去，经过日晒雨淋之后，小树皆已长大。

　　一天，伐木者们来到山上。第一位伐木者看到第一棵树说：

第四念 梦想——梦想指引方向，忙也要看清目标

"这一棵树很美，最合我意。"于是利斧一挥，第一棵树倒下了。"我要成为一只美丽的藏宝箱，"第一棵树想，"我将承载财富。"

第二位伐木者看着第二棵树说："这一棵树很强壮，最合我意。"利斧一挥，第二棵树也倒了下来。"现在我将遨游四海，"第二棵树想，"我将成为坚固的船，承载许多国王！"

当第三位伐木者朝第三棵树看时，他的心顿时下沉，他直立在那里，勇敢地指向天空。但第三位伐木者根本不往上看。"任何树都合我用。"他自言自语地说。利斧一挥，第三棵树倒了下来。

当伐木者把第一棵树带到木匠房里，它很高兴，但木匠准备做的不是藏宝箱。他那粗糙的双手把第一棵树造成一个给动物喂食的料槽。曾经美丽的树木可承载黄金或宝石，但如今它被铺上木屑，里面装着给牲畜吃的干草。

第二棵树在伐木者把它带到造船厂时发出微笑，但造成的不是一条坚固的大船。反之，那一度强壮的树被做成一条简单的渔船。这条船太小也太脆弱，甚至不适合在河流上航行，它被带到一个湖里。每天它承载的均是气味四溢的死鱼。

第三棵树被伐木者砍成一根坚固的木材，并且放在木材堆场内，它心里困惑不已。"到底是怎么一回事？"曾经高大的树自问，"我的志愿是站在高山上，指向神。"

许多昼夜过去，这三棵树都几乎忘记了它们的梦想。

一天晚上，当金色的星光倾注在第一棵树上面，一位少妇把她的婴孩放在料槽里。"我希望能为他造一张摇床。"她的丈夫低声说。母亲微笑着捏一捏他的手，星光照耀在那光滑坚固的木头上面。"这马槽很美。"她说。忽然，第一棵树知道它承载着世上最大的财富。

一天晚上，一位疲倦的旅客和他的朋友走上那旧渔船。当第二棵树安静地在湖面航行时，那旅客睡着了。不久强烈的风暴开始侵袭。小树摇撼不已，它知道自己无力在风浪中承载许多人到达彼岸。疲倦的旅人醒过来，站着向前伸手说："安静下来。"风浪顿时止住了。忽然，第二棵树明白过来，它正承载着天地的君王。

一天早上，第三棵树惊讶地发现它竟从被遗忘的木材堆中被拉出来。它被带到一群愤怒不已的人群面前，它感到畏缩。当他们把一个男人钉在它上面时，它更是颤抖不已。它感到丑陋、严酷、残忍。但在第三天早晨，当太阳升起，大地在它之下欢喜震动时，第三棵树知道了神的爱改变了一切。

神的爱使第一棵树美丽；神的爱使第二棵树坚强；每次当人们想到第三棵树时，他们便想到神。这样比成为世上最高大的树更好。

第四念 梦想——梦想指引方向，忙也要看清目标

177

人生好运念

　　小时候，每个人都有过远大的理想，你可能曾经想成为一名诗人，或者成为一位元帅，再或者成为一名宇航员……那时正值年少轻狂。渐渐长大，发现大多数人都是平凡人，目标会渐渐萎缩。其实你不该放弃，想成为诗人的人，你的生活会是壮丽的诗篇；想成为元帅的人，你的思想中会有百万雄兵；想成为宇航员的人，你的胸中会有广阔的蓝天……只要有远大的目标，你也许平凡，但绝不卑微。

雄鹰就要展翅飞翔

有一个学电子专业的大学生，毕业时被分配到一个让许多人羡慕的单位，做着一份十分轻松的工作。

然而一段时间后，年轻人开始变得郁郁寡欢，原来年轻人的工作虽轻松，但与所学专业毫无关系，他是电子科系的高才生，空有一身本事却无用武之地。

他想辞职外出闯天下，但内心深处却十分留恋这一份稳定又有保障的舒适工作，要知道外面的世界虽然很精彩，可是风险也大啊！经过反复思量他仍拿不定主意，于是他就将自己的想法告诉了他父亲，他的父亲听后想了一会儿，给他讲了一个故事。

有一个乡下的老人在山里打柴时，拾到一只很小的样子怪怪的鸟，那只怪鸟和出生刚满月的小鸡一样大小，也许因为它实在太小了，还不会飞，老人就把这只怪鸟带回家给小孙子玩耍。

　　老人的孙子很调皮,他将怪鸟放在小鸡群里,充当母鸡的孩子,让母鸡养育着。母鸡没有发现这个异类,全权负起一个母亲的责任。

　　怪鸟一天天长大了,后来人们发现那只怪鸟竟是一只鹰,人们担心鹰再长大一些会吃鸡。然而人们的担心是多余的,那只一天天长大的鹰和鸡相处得很和睦,只是当鹰出于本能在天空展翅飞翔再向地面俯冲时,鸡群出于本能会产生恐慌和骚乱。

　　时间久了,村里的人们对于这种鹰鸡同处的状况越来越看不惯,如果哪家丢了鸡,便首先会怀疑那只鹰,要知道鹰终归是鹰,生来是要吃鸡的。越来越不满的人们一致强烈要求,要么杀了那只鹰,要么将它放生,永远也别让它回来。

　　因为和鹰相处的时间长了,有了感情,这一家人自然舍不得杀它,他们决定将鹰放生,让它回归大自然。

　　然而,他们用了许多办法都无法让那只鹰重返大自然,他们把鹰带到很远的地方放生,过不了几天那只鹰又飞回来了,他们驱赶它不让它进家门,他们甚至将它打得遍体鳞伤……许多办法试过了都不奏效。最后他们终于明白:原来鹰是眷恋它从小长大的家园,舍不得那个温暖舒适的窝。

　　后来,村里的一位老人说:把鹰交给我吧,我会让它重返蓝天,永远不再回来。

　　老人将鹰带到附近一个最陡峭的悬崖绝壁旁,然后将鹰狠狠向悬崖下的深涧扔去，如扔掉一块石头一样。

那只鹰开始也如石头般向下坠去，然而快要到涧底时，它终于展开双翅托住了身体，开始缓缓滑翔，然后轻轻拍了拍翅膀，就飞向蔚蓝的天空，它越飞越自由舒展，越飞动作越漂亮，这才叫真正的翱翔，蓝天才是它真正的家园啊！它越飞越高，越飞越远，渐渐变成了一个小黑点，飞出了人们的视野，永远地飞走了，再也没有回来。

听了父亲的故事，年轻人痛下决心，辞去了工作外出闯天下，终于闯出一番事业来。

人生好运念

其实我们每个人又何尝不像那只鹰一样，总是对现有的东西不忍放弃，对舒适平稳的生活恋恋不舍？一个人要想让自己的人生有所转机，就必须懂得在关键时刻把自己带到人生的悬崖，给自己一个悬崖其实就是给自己一片蔚蓝的天空啊。

——第四念 梦想——梦想指引方向，忙也要看清目标

全力以赴地挑战命运

麦基对于他遭遇的第一次意外，已全无记忆。他只记得那是 10 月一个温暖的晚上。麦基当时 22 岁，刚从著名的耶鲁大学戏剧学院毕业。他聪明帅气，人缘很好，踢美式足球及演戏剧都表现突出，正是意气风发的好时光。

那辆 18 吨重的车从第五大道第三十四街驶出来时，麦基一点儿都没看见。他记得的下一件事，就是醒来时自己身在加护病房，左小腿已经切去。

其后 8 年，麦基全力以赴，要把自己训练成全世界最优秀的独腿人。他康复期间饱受疼痛折磨，但从不抱怨，终于熬过来，开始在舞台和电视上演出，也交过不少女朋友。

失去左腿后不到 1 年，他开始练习跑步，不久便常去参加十公里赛跑。随后又参加纽约马拉松赛和波士顿马拉松赛，成绩打破了伤残人士组纪录，成为全世界跑得最快的独腿长跑运动员。

接着他进军三项全能。那是一项极其艰难的运动，要一口气游泳 3.85 公里、骑脚踏车 180 公里、跑 42 公里的马拉松。这对只有一条腿的麦基来说，无疑是一个巨大的挑战。

1993 年 6 月的一个下午，麦基在南加州的三项全能运动比赛中，骑着脚踏车以时速 56 公里疾驰，带领一大群选手穿过城镇，群众夹道欢呼。突然间，麦基听到群众尖叫声。他转过头，只见一辆黑色小货车朝他直冲过来。

其时，比赛场地周围马路已几乎全部封锁，几个并未封锁的一字路口也有警察把守，没人知道是什么缘故，让这辆小货车闯了进来。

麦基对于这次挨撞可记得一清二楚。他记得群众尖叫，记得自己的身体飞越马路，一头撞在电灯柱上，颈椎"啪"地折断了。他还记得自己被抬上救护车，随后他昏了过去。

麦基接受紧急脊椎手术后醒来时，发现自己躺在重伤病房，一动也不能动。他清楚记得周围的护士个个都流着眼泪，一再说："我们很难过。"

麦基四肢瘫痪了，那时他才 30 岁。

麦基的四肢都因颈椎折断而失去功能，但仍保存少量神经活动，使他的手臂能抬起一点点儿，坐在轮椅上身子可以前倾，双手能做一些简单动作，双腿有时能抬起两三公厘。

麦基知道四肢尚有感觉时，有点儿激动。因为这意味着他有了独立生活的可能，无须 24 小时受人照顾。经过艰苦复健，自认为"很幸运"的麦基渐渐进步到能自己洗澡、穿衣服、吃饭，甚至开经过特别改装的车子。医生对此都大感惊奇。

医院对脊椎重伤病人的治疗，好似施行酷刑。他们先给麦基装上头环：那是一个钢环，直接用螺钉装在颅骨上，然后把头环的金属撑条连接到夹在麦基身体两侧的金属板上，以固定麦吉的脊椎。

安装头环时只能局部麻醉，医生将螺钉拧进麦基的前额时，麦基痛得直惨叫。

护士常来给麦基抽血，或者把头环的螺钉拧牢。每次有人碰到他，他都痛得尖叫。他觉得自己没有了自我，没有过去，没有将来，也没有希望。

两个月后，头环拆掉，麦基被转送到科罗拉多州一家复健中心。在他那层楼里，住的全是最近才四肢不便完全瘫痪的病人。他发觉原来有那么多人和他命运相同。眼前的处境也并不陌生，伤残、疼痛、失去活动能力、复健、耐心训练——所有这些他都经历过。

于是，他过去顽强不屈、永不向命运低头的精神又回来了。他对自己说："你是过来人，知道该怎样做。你要拼命锻锻炼，不怕苦，不气馁，一定要离开这鬼地方。"

其后几个月，麦基再度变得斗志昂扬，康复速度之快，出乎所有人预料。

脖子折断之后仅仅6个月，他便重返社会，再开始独立生活，又大约6个月之后，他在一次三项全能运动员大会上，以"坚忍不拔和人类精神力量"为题，发表了一篇激动人心的演说，事后人人都围着他，称赞他勇敢。"麦基，真棒！"大家异口同声地说。

即使复原过程一开始很顺利，但病人迟早会遇上一道墙：复健中止，残酷的现实浮现。麦基就撞上了这道墙。当时他身体可复原的已复原了，不管怎样努力，有些事实始终无法改变：手臂永远不可能再抬到高过头顶，而且他永远不能再走路了。

麦基明白了这一点之后，向来不屈不挠的他也泄气了。

1996年，麦基获得380万美元赔偿金，决定迁居夏威夷。当时他对朋友说，去那里是为了写回忆录。其实，完全是为了逃避。

麦基有个不想让任何人知道的秘密：他染上了毒瘾。他脖子折断之后两年左右，认识了一个女人，那女人给他一些吗啡，同情地说："试试这个吧，你苦够了，没人会怪你这么做。"

麦基心想："对啊，没人会怪。"

一天凌晨，麦基吸毒之后，转着轮椅来到一条寂静公路的中央。那是阿里道，他曾在这条公路上跑过马拉松。

麦基曾在阿里道赢得辉煌胜利，而这时却在道上思量去哪里再弄些吗啡。他知道该下决定了：要死还是要活？"我才33岁，不想离开这个世界，"他想，"当然我也不想四肢瘫痪，但既然无法改变这事实，只好学会那样子好好活下去。"

他不知道下一步该怎样做，但有一点很清楚：要是继续沉沦，一切就完了。于是，他试着从另一角度看自己的问题："也许我的遭遇并非坏事，而是上天给我的美妙赏赐，令我有机会真正了解自己。"

从此，他彻底改变了。

目前麦基住在新墨西哥州圣菲市。天气好的早晨，他会从床上下来，插上导管，来个淋浴，穿上衣服，准备离开寓所。这一切，他不用三小时就能完成。然后他到体育馆去锻炼一两个小时，例如在水里步行、骑健身脚踏车。

他也会埋头撰写论文，主题是神话史上的伤残男性。如今，他正在加州的一所研究所攻读神学博士学位。

人生好运念

只要你不屈服，不向命运低头，就能够把握命运，战胜一切障碍。只要你有这种决心，任何时候想要走出生命的泥潭都不算晚。

不要随意改变目标

一个年轻的男子在街上看见了一个漂亮的女孩，一直跟着她走了很远的路。

最后，这个女孩忍不住转过身来问他："你为什么这样老跟着我？"

他表白说："因为你是我见到过的最美丽的女人，我爱你，嫁给我吧！"

女孩回答说："现在你只要回头看看，你就能看见我的妹妹，她比我还要漂亮十倍。"

那个男子转过身去，看到的是随处可见的平常女孩。

"你为什么骗我？"他质问那个女孩。

"是你在骗我，如果你真的爱上了我，为何还要回头看呢？"她回答。

人生好运念

在生活中，有很多人都会犯这样的错误：没有主见，听见、看见更好的就去追求，目标游移不定；也有许多人把过程看得太重，忽略了自己的最后目标。给你一个忠告：做事要分得清主次，不要随意改变自己的目标。

一定要认清正确的方向

很久以前，有一个小女孩住在树林环绕的村庄里，她喜欢在树林深处漫步。清晨，她跟树林中的小鸟、金花鼠、松鼠快乐地交谈；下午坐在苔藓覆盖的岩石上休息。

一天，小女孩在树林里比往常走得要远，天不久就黑了，她才知道自己迷路了。她能看到的只有巨大的松树和村庄里最高的教堂尖顶。她吓坏了，她环顾四周，开始哭起来。巨大的松树摇摆着凑近安慰她。

最后，一棵较高的树轻声对她说："朝着那个尖顶走，眼睛不要离开它，你马上就会到家。"

于是，女孩整理一下披肩，提起为做晚饭采摘的一篮蘑菇，开始往回走。她急切地盯着教堂的尖顶，知道如果一直朝着它走，马上就能安全到家。

不久，她听见身后有脚步声，于是把眼睛从尖顶移开，转过头来看究竟是谁在她身后。嗨，你瞧，一只红色的狐狸紧挨着她的脚跟，她几乎能感到它温暖的呼吸。

"小女孩，"狐狸说，"在山岭那边，有一大片美丽的野紫罗兰。如果你跟着我，就能采一束回家给你的妈妈。"

小女孩知道妈妈非常喜欢野紫罗兰，她忘记了害怕，就跟在狐狸后面跑，而狐狸的脑袋里却幻想着水灵灵的蘑菇。

突然，太阳被云朵遮住，森林更黑暗了，女孩记起了松树要她紧紧盯住教堂尖顶的话；然而，从她现在所在的位置往上看，已经看不到教堂尖顶了。

小女孩再一次害怕地拔腿就跑，却没有意识到她自己是在绕着圈跑，女孩发现她又一次来到了那些巨大的松树中间。她往上看去，目光立刻抓住了那个教堂尖顶。她全神贯注地死死盯住它，再也不敢把眼睛移开。就这样，小女孩终于平安地回到了家里。

人生好运念

只要你前进的方向正确，盯住目标不放，不论是多么难以企及的目标，最后都会到达。千万不要被沿途的诱惑迷失方向，但是一旦方向错了，南辕北辙，你奋斗得越努力反而离你的目标越远。

第五念　快乐
——人生就是要活得快乐

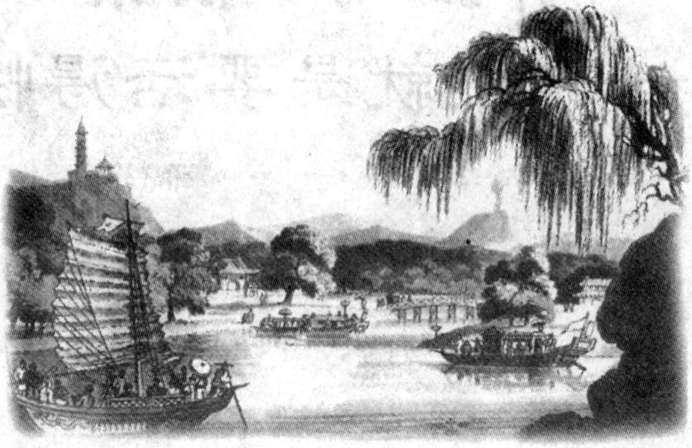

幸福并不复杂

洛琳在美国读书时认识自己的丈夫，毕业后，他俩很快就结了婚，并且双双搬到他们喜欢的国度——越南。因为这里的迷人风景和特有的风情及越南人悠闲的生活方式打动了他们。

洛琳说："在越南的生活是一种简朴自在的生活。没有像美国那种铺天盖地的广告推销，没有垃圾邮件，无须用信用卡。我们一家四口只买生活必需用品，从不盲目地去消费。在这里，你绝不会想买那些你并不需要的东西，因为没有大减价的广告勾起你的欲望。"

"虽然美国人对铺天盖地的购物广告宣传有一定的抵御能力，但为了使自己的精神生活过得简单而丰富，他们不得不在那些选择上面花费大量的精力和物力。"

"而在越南不是这样，没有外界的广告宣传刺激你，人们对自己所需要的东西很清楚，他们很明智地每次买拿得动的物品回家，用完后再去买。"

"许多生活在这个国度文化中的外籍人，虽然他们在物质生活方面并非很丰富，但他们确确实实感受到了宁静和幸福。他们认为自己过的是一种有选择而自主的生活，虽简单却快乐多多，是众多幸福家庭中的一员。"

"我跟一些美国的朋友讲起这边的事情，他们却不很理解。这也难怪，由于一些在美国生活的美国人认为只有拥有金钱才能得到幸福，所以他们根本没法想象生活在这里的人是如何获得快乐和幸福的。"

幸福并不复杂，获得快乐的方法也很简单，就是充分利用自己有限的时间、精力、金钱，并将之运用到适合自己的生活方式里。

人生好运念

那些住在贫穷乡村的人们，并不像我们想象的那样生活得无滋无味，相反，如果生活中没有大的变故，他们甚至比大多数都市人生活得更快乐自在。原因就是在于他们选择了简单而充实的生活：劳动、交往、休闲，如此而已。想一想，我们有多久未注意到日出日落，有多久没注意阳台上那盆花的花开花谢。因为我们太忙，以至于忽略了就在我们身边的美丽和感动。我们应该抽出时间仔细思考思考，这到底值不值得！

找到自己满意的生活

从前，海边有一个渔夫，他每天上午会在海边和朋友聊天、打渔，中午回家吃饭，下午和老婆睡个午觉，晒晒太阳，在咖啡店来一杯咖啡，傍晚孩子放学回来，全家享受天伦之乐，他很满意他的生活。

直到有一天，他的生活因为一个陌生人而打乱了。那天，有位富有的商人来到了海边，看到他打渔打得很起劲儿，跟他聊了起来，并且给了他一些人生的"教导"。

富商说，"你以后不仅早上要打渔，下午也要打渔。""为什么？"渔夫问。"因为这样可以多赚钱。"

"然后呢？""赚够了钱，你就可以买条船，雇用一些人来帮你工作。"

"然后呢？""然后你就可以有很多渔货，卖到各地去，赚更多钱。"

"然后呢？""然后你就可以买船队，到真正的海洋上去打渔，再赚更多的钱。"

"然后呢？"渔夫搔搔脑袋。

那个富商说，"然后你就可以退休，在家里每天过得轻松愉快，高兴打渔的时候就打渔，下午你就可以喝喝咖啡，和老婆孩子快乐生活啦！"

渔夫微笑着说："那样的生活和现在的生活有什么不同呢？这就是我现在的生活啊！"

人生好运念

快乐的生活并不一定需要太多的钱财，只要是我们自己满意的生活方式，就会快乐。当我们为了衣食无忧的生活辛苦赚钱的时候、为了自我幸福而苦耗精力的时候，也不要忘记放松，不要让自己迷失于单纯赚钱的欲望之中。

寻找快乐的财富

在森林中的一条小路上，一个商人和一个樵夫经常相遇。

商人拥有长长的马队，一箱箱的珠宝绸缎都是商人的财富。

樵夫每天都要上山砍柴，柴刀和绳子是他最亲密的伙伴。

然而，商人整天愁眉苦脸，他不快乐。樵夫每天歌声不断，笑声朗朗，他很幸福。

一天，商人又与樵夫相遇，他们同坐在一棵大树下休息。

"唉！"商人叹道，"我真不明白，年轻人，你那么穷，怎么那么快乐呢？你是否有一个无价之宝藏而不露呢？"

"哈哈！"樵夫笑道，"我也不明白，您拥有那么多财富，怎么整天愁眉苦脸呢？"

"唉！"商人说，"虽然我是那样的富有，但我的一家人总是为了钱财吵得不可开交。他们整天想的就是如何比其他人拥有更多，却没有一个想到为我付出哪怕一丁点儿的真情实意。

"当然，我一回到家他们就会喜笑颜开，可是我始终弄不明白，他们是对着钱笑还是对着我笑。我虽家财万贯，但我却常常感到自己实际上是一个一无所有的穷光蛋，我能快乐吗？"

"哦，原来如此！"樵夫说道，"我虽然一无所有，但我时时感觉到我拥有永恒的幸福，所以我经常乐不可支。"

"是么？那么你家里一定有一个贤惠的妻子？"商人问。

"没有，我是个快乐的光棍。"樵夫道。

"那么，你一定有一个不久就可迎娶进门的未婚妻。"商人肯定地说。

"没有，我从来没有过什么未婚妻。"

"那么，你一定有一件能使自己快乐的宝物？"

"假如你要称它为宝物的话，也可以。那是一位美丽的女孩送给我的。"樵夫说。

"哦？"商人惊奇了，"是一件什么样永恒的宝物，令你如此幸福呢？一件金光闪闪的定情物？一个甜蜜的吻？还是……"

"这个美丽的女孩从来没有和我说过一句话，每次在村里与我相遇，她总是匆匆而过。三年前，她就要去另一个城市生活了。就在她临走之前，上车的时候，她……"樵夫沉浸在幸福之中了。

"她怎么样？"商人急切地问。

"她向我投来了含情脉脉的一瞥!"樵夫继续道,"这一瞬间的目光,对我来说,已经足够我幸福一生了。我已经把它珍藏在我的心中,它成了我瞬间的永恒。"

商人看着幸福无比的樵夫,心中说道:"真正的富翁应该是他,我才是个名副其实的穷光蛋。"

人生好运念

快乐与否主要是精神上的感觉,它不在于物质财富的多少,要想拥有快乐,就得在自己的生活中挖掘。如果说生活像一部影片,你的记忆就是片段。记忆是快乐的,你看到的自己就是快乐的;记忆是痛苦的,你看到的自己就是痛苦的。这些记忆片段由你剪切,你将截取哪些片段来构成生活的影片呢?相信你一定有所决断。生活就像一座矿,有快乐也有忧愁,有幸福也有不幸,拥有什么,关键在于你自己如何挖掘。

没有时间生气

　　古时候有一个妇人，特别喜欢为一些琐碎的小事生气。她也知道自己这样不好，便去求一位高僧为自己谈禅说道，开阔心胸。

　　高僧听了她的讲述，一言不发地把她领到一座禅房中，落锁而去。

　　妇人气得跳脚大骂。骂了许久，高僧也不理会。妇人又开始哀求，高僧仍置若罔闻。妇人终于沉默了。高僧来到门外，问她："你还生气吗？"

　　妇人说："我只为我自己生气，我怎么会到这地方来受这份罪。"

　　"连自己都不原谅的人怎么能心如止水？"高僧拂袖而去。

　　过了一会儿，高僧又问她："还生气吗？"

　　"不生气了。"妇人说。

"为什么？"

"气也没有办法呀。"

"你的气并未消逝，还压在心里，爆发后将会更加强烈。"高僧又离开了。

高僧第三次来到门前，妇人告诉他："我不生气了，因为不值得气。"

"还知道值不值得，可见心中还有衡量，还是有气根。"高僧笑道。

当高僧的身影迎着夕阳立在门外时，妇人问高僧："大师，什么是气？"

高僧将手中的茶水倾洒于地。妇人视之良久，顿悟。叩谢而去。

生气是用别人的过错来惩罚自己的蠢行，而如果你无视它，它就自会消散。

所以，古人编《莫生气》之歌来劝诫自我：人生就像一场戏，因为有缘才相聚，相扶到老不容易，是否更该去珍惜，为了小事发脾气，回头想想又何必，别人生气我不气，气出病来无人替，我若气死谁如意，况且伤神又费力，邻居亲朋不要比，儿孙琐事由它去，吃苦享乐在一起，神仙羡慕好伴侣！

人生好运念

夕阳如金，皓月如银，世界如此美丽，人生的幸福和快乐尚且享受不尽，哪里还有时间去气呢？

不要自寻烦恼

一个烦恼少年四处寻找解脱烦恼之法。

这一天,他来到一个山脚下。只见一片绿草丛中,一位牧童骑在牛背上,吹着悠扬横笛,逍遥自在。

烦恼少年看到了很奇怪他为什么那样的高兴,走上前去询问:

"你能教给我解脱烦恼之法吗?"

"解脱烦恼?嘻嘻!你学我吧,骑在牛背上,笛子一吹,什么烦恼也没有。"牧童说。

烦恼少年试了一下,没什么改变,他还是不快乐。

于是他又继续寻找。走啊走啊,不觉来到一条河边。岸上垂柳成荫,一位老翁坐在柳荫下,手持一根钓竿,正在垂钓。他神情怡然,自得其乐。

烦恼少年又走上前去问老翁:

"请问老翁,您能赐我解脱烦恼的方法吗?"

老翁看了一眼面前忧郁的少年,慢声慢气地说:"来吧,孩子,跟我一起钓鱼,保管你没有烦恼。"

烦恼少年试了试,不灵。

于是,他又继续寻找。不久,他路遇两位在路边石板上下棋的老人,他们怡然自得,烦恼少年又走上去寻求解脱之法。

"哦,可怜的孩子,你继续向前走吧,前面有一座方寸山,山上有一个灵台洞,洞内有一位老人,他会教给你解脱之法的。"老人一边说,一边下着棋。

烦恼少年谢过下棋老者,继续向前走。到了方寸山灵台洞,果然见一长髯老者独坐其中。烦恼少年长揖一礼,向老人说明来意。

老人微笑着摸摸长髯,问道:"这么说你是来寻求解脱的?"

"对对对!恳请前辈不吝赐教,指点迷津。"烦恼少年说。

老人答道:"请回答我的提问。有谁捆住你了么?"

"……没有。"烦恼少年先是愕然,而后回答。

"既然没有人捆住你,又谈何解脱呢?"老人说完,摸着长髯,大笑而去。

烦恼少年愣了一下,想了想,有些明白了:是啊!又没有任何人捆住了我,我又何须寻找解脱之法呢?我这不是自寻烦恼,自己捆住自己了吗?

少年正欲转身离去,忽然面前成了一片汪洋,一叶小舟在他面前荡漾。

少年急忙上了小船，可是船上只有双桨，没有渡工。

"谁来渡我？"少年茫然四顾，大声呼喊着。

"请君自渡！"老人在水面上一闪，飘然而去。

少年听此棒喝，若有所悟，欢笑而去。

人生好运念

人的喜、怒、哀、乐等，外因只是引导，决定还在内心，所以许多烦恼都是自寻的烦恼，而驱除之法也在我们自己身上。解决的秘诀就是养成一种超然的态度，心态放平，将惹烦恼的诱因看作毫不在意的事情，烦恼自然随风而逝。

——第五念 快乐——
人生就是要活得快乐

适可而止莫贪图

一次,一个猎人捕获了一只能说 70 种语言的鸟。

"放了我,"这只鸟说,"我将给你三条忠告。"

"先告诉我,"猎人回答道,"我发誓我会放了你。"

"第一条忠告是,"鸟说道,"做事后不要懊悔;第二条忠告是:如果有人告诉你一件事,你自己认为是不可能的就别相信;第三条忠告是:当你爬不上去时,别费力去爬。"然后鸟对猎人说:"该放我走了吧。"猎人依言将鸟放了。

这只鸟飞起后落在一棵大树上,又向猎人大声喊道:"你真愚蠢。你放了我,但你并不知道在我的嘴中有一颗价值连城的大珍珠。正是这颗珍珠使我这样聪明。"

这个猎人很想再捕获这只放飞的鸟。他跑到树跟前并开始爬树。但是当他爬到一半的时候,他掉了下来并摔断了双腿。

鸟嘲笑他并向他喊道:"笨蛋!我刚才告诉你的忠告你全忘

记了。我告诉你一旦做了一件事情就别后悔，而你却后悔放了我。我告诉你如果有人对你讲你认为是不可能的事，就别相信，而你却相信像我这样一只小鸟的嘴中会有一颗很大的珍珠。我告诉你如果你爬不上去，就别强迫自己去爬，而你却追赶我并试图爬上这棵大树，结果掉下去摔断了双腿。这个箴言说的就是你：'对聪明人来说，一次教训比蠢人受一百次鞭挞还深刻。'"说完，鸟飞走了。

人因贪婪常常会犯傻，什么蠢事也会干出来。所以任何时候要有自己的主见和辨别是非的能力，不要被假现象所迷惑。

人生好运念

贪婪是一种顽疾，人们极易成为它的奴隶，变得越来越贪婪。人的欲念无止境，已经得到不少之后，仍指望得到更多。一个贪求厚利、永不知足的人，等于是在愚弄自己。贪婪是一切罪恶之源。贪婪能令人忘却一切，甚至自己的人格。贪婪令人丧失理智，做出愚昧不堪的行为。因此，我们真正应当采取的态度是：远离贪婪，适可而止，知足者常乐。

知足是寻求快乐的法宝

一位美国老师曾给他的学生讲过一件令其终生难忘的事情。

"我曾是个多虑的人,"他说道,"但是,1934年的春天,我走过韦布城的西多提街道,有个景象扫除了我所有的忧虑。事情的发生只有十几秒钟,但就在那一刹那,我对生命意义的了解,比在前10年中所学的还多。"

"那两年,我在韦布城开了家杂货店,由于经营不善,不仅花掉我所有的积蓄,还负债累累,估计得花7年的时间偿还。我刚在星期六结束营业,准备到'商矿银行'贷款,好到堪萨斯城找一份工作。我像一只斗败的公鸡,没有了信心和斗志。"

"突然间,有个人从街的另一头过来。那人没有双腿,坐在一块安装着溜冰鞋滑轮的小木板上,两手各用木棍撑着向前行进。他滑过道,微微提起小木板准备登上路边的人行道。就在那几秒钟,我们的视线相遇,只见他坦然一笑,很有精神地向我打招呼：'早安，先生，今天天气真好啊！'我望着他，突然体会到自己何等的富有。"

"我有双足，可以行走，实在比他幸福得多。这个人缺了双腿仍能快乐自信，我这个四肢健全的人还有什么不能的呢？我挺了挺胸膛，本来准备到'商矿银行'只借1000元，后来决定借500元；本来我没信心能在堪萨斯城找到工作，现在却有信心了。结果，我借了钱，也找到了工作。"

"现在，我把下面一段话写在浴室的镜面上，每天早上刮胡子的时候都念它一遍：我闷闷不乐，因为我少了一双鞋，直到我在街上，见到有人缺了两条腿。"

人生好运念

人的一生总会遇到各种各样的不幸，但快乐的人却不会将这些装在心里，他们没有忧虑。所以，快乐是什么？快乐就是珍惜已拥有的一切。如果你想生活得快乐，那么就学会知足吧！只有知足，才是寻求快乐的唯一法宝。

快乐是内心的富足

在东方的一个国度里，有一对贫穷而善良的兄弟，他们靠每天上山砍柴过着艰辛的日子。

一天，兄弟二人在山上砍柴时，正好遇见一只老虎在追咬一个老人。兄弟俩奋不顾身地与老虎搏斗，终于从老虎口中救下那位须发皆白的老人。

而这位老人是一位狐仙，他念及兄弟俩的善良和勇敢，于是许愿帮助他二人得到快乐，并让他们每人选择一样物品，作为送给他们的礼物。

哥哥因为穷怕了，想要有永远用不完的金银财宝，于是，狐仙送给他一个点石成金的手指，任何东西，只要他用这手指轻轻一触，就会立即变成金子。

哥哥如愿以偿地成了富人，买了房子置了地，娶妻生子，过着十分富有的生活。

遗憾的是，金手指也成了他的一个负担。因为，只要他稍一不小心，他眼前的人和物就会在瞬间变成冷冰冰的、没有生命的金子。朋友们也都对他敬而远之，家人们更是小心翼翼地防着他。守着取之不尽、用之不完的钱财，哥哥却难以说自己是快乐的。

弟弟是一个单纯的人，他希望自己一辈子快快乐乐。

于是，老狐仙给了他一个哨子，并告诉他：无论什么时候，无论遇到什么事情，只要轻轻地吹一吹哨子，他就会变得快乐起来。弟弟还是像以前一样，过着艰苦的生活，仍然需要与各种艰难困苦进行抗争，仍然需要靠辛勤的劳动获取温饱。

但是，每当他感到一些不如意时，他就取出那只哨子，那动听的声音，就像一缕缕和煦的阳光，像一阵阵温暖的春风，驱走了他的忧伤和愁苦，给他带来快乐。

要想活得轻松一些，就要凡事豁达一点儿、洒脱一点儿，不必把一点点儿小惠小利看得过重，而要达到这种超脱境界，关键是寻求心灵的满足。如果一心只想着个人享乐，贪恋钱欲、官欲，便无异于作茧自缚，不仅自己活得疲惫不堪，还会危害他人。

人生好运念

　　快乐若来自于物欲的满足，是短暂而不幸的，物欲没有止境，为了无休止地满足它，人生就会忙碌不止，永无宁日，而来自于心灵的快乐，虽然宁静、恬淡、平和，但却是永久而幸福的。

幸福由自己决定

有一年寒冬，一个财主的公子和一个非常柔美贤淑的女子完婚了。新婚没有几日，这位公子就觉得夫妻生活很是乏味，要休妻。老财主不准，公子就和妻子常常打闹。

一日晚饭后，公子打完了妻子，又把室内的家具砸了一堆，长啸一声悲怆地说："我的命好苦啊！"妻子将身子向墙角靠了靠伤心地饮泣着。此时，他俩便成了这个世界上不幸的人。

同在这时，一个衣衫褴褛饥肠辘辘的乞丐悄悄走到财主的马棚里。乞丐偷吃了喂马的豆饼，肚子不饿了；用马粪把自己的身体堆起来，身上也不冷了。还感到头上有些凉风，就把旁边一个给牲口喂食的瓢子扣在头上，于是头上的冷风也没有了。

乞丐觉得自己此时是天底下最幸福的人，还悠悠然地唱起了小曲儿。

　　财主的公子生活富足却自觉不幸，乞丐不饥不寒就觉得满足，可见幸福与财富的多少无关。

　　人的幸福，是人们对它的理解和感觉所赋予的。其实，幸福的感觉只由自己决定。

　　有一对夫妻丢了工作，便在市场摆小摊子，靠微薄的收入维持全家人生计。他们没有了从前让人羡慕的工作，但他们依然生活得幸福。夫妻俩过去跳舞，现在没钱进舞厅，就在自己家里自娱。

　　男的喜欢钓鱼，女的喜欢养花。收摊后，依然能看到男的扛着钓鱼杆去钓鱼，而他们家阳台上的花儿也依然鲜艳夺目。

　　一天，有人问他们现在的生活，男的说："我们虽然无法改变目前现状，但我们可以改变我们的心态，虽然退休了，但生活是否幸福还是我们说了算的。"女的说："我们没有了工作，不能再没有快乐，如果连快乐都丢了，活着还有什么意义？"

人生好运念

是的，幸福与否完全取决于自己的心态，想幸福，随时都可以幸福，没有谁能够阻挡自己。人生的幸福在哪里？当一个人认为自己很不幸、很可怜，让痛苦爬满额头，他的生活就会真的很痛苦，如果他相信自己快乐，并且快乐无比地生活，那么他的生活也会真的快乐幸福无比。

第五念 快乐
——人生就是要活得快乐

为自己而活

有一天，上帝创造了三个人。他问第一个人："到了人世间你准备怎样度过自己的一生？"第一个人想了想，回答说："我要充分利用生命去创造。"

上帝又问第二个人："到了人世间，你准备怎样度过你的一生？"第二个人想了想，回答说："我要充分利用生命去享受。"

上帝又问第三个人："到了人世间，你准备怎样度过你的一生？"第三个人想了想，回答说："我既要创造人生又要享受人生。"

上帝给第一个人打了 50 分，给第二个人打了 50 分，给第三个人打了 100 分，他认为第三个人才是最完美的人，他甚至决定多生产一些"第三个"这样的人。

第一个人来到人世间，表现出了不平常的奉献感和拯救感。他为许许多多的人作出了许许多多的贡献。对自己帮助过的人，他从无所求。他为真理而奋斗，屡遭误解也毫无怨言。慢慢地，他成了德高望重的人，他的善行被人广为传颂，他的名字被人们默默敬仰。

他离开人间，所有人都依依不舍，人们从四面八方赶来为他送行。直至若干年后，他还一直被人们深深怀念着。

第二个人来到人世间，表现出了不平常的占有欲和破坏欲。为了达到目的他不择手段，甚至无恶不作。慢慢地，他拥有了无数的财富，生活奢华，一掷千金，妻妾成群。

后来，他因作恶太多而得到了应有的惩罚。正义之剑把他驱逐出人间的时候，他得到的是鄙视和唾骂。若干年后，他还一直被人们深深痛恨着。

第三个人来到人世间，没有任何不平常的表现。他建立了自己的家庭，过着忙碌而充实的生活。若干年后，没有人记得他的生存。

人类为第一个人打了 100 分，为第二个人打了零分，为第三个人打了 50 分。

单纯说来，人似乎只可以划分为这三种人。上帝的打分和人类的打分存在着天差地别，最好的解释就是：人要为自己活着，而不是为上帝而活。

人生好运念

　　大多数人都属于第三类的人，虽然没有死后荣名，无声无息地湮没于历史长河中，但是在世上的日子有苦有乐，有喜有悲，会为未来努力，又懂得享受幸福，他们既创造人生又享受人生，他们只为自己而活，这才是完美的人生，如此，即使死后只有一捧黄土，也无愧在人世走上一遭。

助听器改变人生

老李的母亲配了助听器,家里顿时安静了下来。过去大家总是听见她在厨房用力地关柜门,将锅盆撞击得锵锵震耳;餐桌上每当她放下碗时,大家更极力地忍耐那碗底与玻璃桌面的强力撞击,尤其使人受不了的是她推电饭锅,如同粉笔滑过滞涩黑板时令人汗毛耸立的锐利音响。

可是,这些一下子全不见了!甚至她忙碌地在厨房工作,都令人难以觉察,反倒是,当她刚配上助听器,走出医院时,第一句话就是:这里的车子怎么那样吵?回到家,更是麻烦了!老人家开始抱怨每个人说话的声音太大,又说鹦鹉叫得令她想过去把它掐死,甚至电话铃响和别人打喷嚏,都能把她吓一大跳。

于是,像过去唯恐铃声不够大、甚至得将无线电话放在她枕边的事情,全做了180度大转变,亲友未进门,更得早早叮

第五念 快乐
——人生就是要活得快乐

嘱：别再对着老人家的耳朵猛喊。

尤其妙的是，她自己的嗓门也突然降下了一大半，过去如洪钟的声音，顿时变成了低语，好像说的都是秘密，她说不敢大声，因为怕炸了自己的耳朵。

接着老人家便有些得意了起来，笑着警告家里的每一员，以后别想再背地里说她坏话，因为连其他人关着门讲话，她都可能听得见。指着自己的耳机，老人家说："我的耳朵比你们强，可大，可小，碰到你们讲悄悄话，只要我把耳机调大声一些，就成了顺风耳！"

老人家果然厉害得有些可怕，走在街上，邻居老太太正跟媳妇聊天，年轻人尚且没有听见说什么，老人家却老远地搭上了话，原来是因为过去耳朵不好时，她是半听半猜，日久几乎能从对方嘴唇的移动，猜想内容，如今听力增进几倍；加上"看"的功夫，自然有了过人之能。

当然助听器也有缺点，就是只戴在右耳，声音即或发生在左边，她也觉得从右边传来，过去大声讲话，她的左耳还能听见，现在右耳变得敏锐，左耳就完全没有用了。

在花园里，只见她一边种菜，一边不断地转头四顾，寻找啁啾的小鸟和鸣蝉；行走在街上，后面有车驶近，老人家总是做成要躲避的样子，正如她所说：前十年，不知是怎么过的，倒没让车撞上，只是也没觉得世界这么吵。

人生好运念

　　这世界真有这么吵吗？对于不觉得吵的人，会不会正像是母亲未戴助听器前，自己反而是噪音的最大制造者？同样的，作画时用强烈色彩的艺术家，吃饭时要大咸大辣的饕餮，只怕实际上，对色彩和味道的感觉，反而比一般人来得迟钝。至于那些一天到晚觉得生活太单调的人，恐怕不是真单调，而是自己体味生活情趣的能力被生活磨灭了太多。

第五念　快乐
——人生就是要活得快乐

生活其实很简单

有个小孩对母亲说:"妈妈你今天好漂亮。"母亲问:"为什么?"小孩说:"因为妈妈今天一天都没有生气。"——原来要拥有漂亮很简单,只要不生气就可以了。

有个牧场主人,叫他的孩子每天在牧场上辛勤工作,朋友对他说:"你不需要让孩子如此辛苦,农作物一样会长得很好的。"牧场主人回答说:"我不是在培养农作物,我是在培养我的孩子。"——原来培养孩子很简单,让他吃点儿苦头就可以了。

有一家商店经常灯火通明,有人问:"你们店里到底是用什么牌子的灯管?那么耐用。"店家回答说:"我们的灯管也常常坏,只是我们坏了就换而已。"——原来保持明亮的方法很简单，只要常常换掉坏的灯管就可以了。

住在田边的蚂蚱对住在路边的蚂蚱说："你这里太危险，搬来跟我住吧！"路边的蚂蚱说："我已经习惯了，懒得搬了。"几天后，田边的蚂蚱去探望路边的蚂蚱，却发现它已被车子轧死了。——原来掌握命运的方法很简单，远离懒惰就可以了。

有一只小鸡破壳而出的时候，刚好有只乌龟经过，从此以后，小鸡就打算背着蛋壳过一生。它受了很多苦，直到有一天，它遇到了一只大公鸡。——原来摆脱沉重的负荷很简单，寻求名师指点就可以了。

有一支淘金队伍在沙漠中行走，大家都步伐沉重，痛苦不堪，只有一人快乐地走着，别人问："你为何如此惬意？"他笑着说："因为我带的东西最少。"——原来快乐很简单，只要放弃多余的包袱就可以了。

有个年轻人在脚踏车店当学徒。有人送来一部有毛病的脚踏车，年轻人除了将车修好，还把车子整理得漂亮如新，其他学徒笑他多此一举。后来车主将脚踏车领回去的第二天，年轻人被挖到那位车主的公司上班。——原来要获得机会很简单，勤劳一点儿就可以了。

有一个网球教练对学生说："如果一个网球掉进草丛里，应该如何找？"有人答："从草丛中心线开始找。"有人答："从草丛的最凹处开始找。"有人答："从草最高的地方开始找。"教练宣布他的答案："按部就班地从草地的一头，搜寻到草地的另一

第五念 快乐 ——人生就是要活得快乐

223

头。"——原来寻找成功的方法很简单，从头做起，不试图走快捷方式就可以了。

　　有几个小孩都很想成为一位智者的学生，智者给他们一人一个烛台，叫他们要保持光亮，结果好多天过去了，智者都没来，大部分小孩已不再擦拭那烛台。有一天智者突然到来，大家的烛台都蒙上了厚厚的灰尘，只有一个被大家叫做"小笨蛋"的小孩，即使智者没来，他也每天都擦拭，结果这个笨小孩成了智者的学生。——原来想实现理想很简单，只要实实在在地去做就可以了。

人生好运念

　　生活其实很简单，在多数时候，只是我们画蛇添足、思虑太多，才把自己弄得手忙脚乱、头昏脑涨。不要想太多，只是简单去做，你会发现做个"笨拙"的人更容易成功、更幸福。

生命的过程处处都有精彩

有一个12岁的小男孩，他不喜欢父亲常叫他帮忙做家务；也讨厌老师要他上课读书；所以他经常逃课，每天都过着浑浑噩噩的生活。

有一天，他又逃课了。他来到森林里面，遍地绿草鲜花，使他感到非常舒服，于是就在花丛中躺下来休息。忽然，一位美丽的仙女出现在面前，对他说："我送给你一件非常奇特的礼物吧！"

男孩兴奋地问："是什么东西呀？"

只见仙女拿出一个圆形的小银盒，笑着对他说："这是一个奇妙的宝盒。它有着奇特的功能！这里面有一条金丝，它代表时间，每当你觉得不快乐时，只要把金丝轻轻的抽一下，不快乐的时光便会立即过去。

"不过,你绝不可以再把金丝拉回去,如果你这样做,便会悲惨地死去;还有,你一定要想好再抽那金丝,因为当你把金丝全部抽完,你也会死去;除此之外,你千万不能让其他人看这宝物,否则你也会死去。"

男孩非常高兴地说:"非常谢谢你!我会好好保管和使用它的!"说完便从仙女手中接过银盒金丝,小心翼翼地收入怀里。他害怕被别人看见,但是他不知这个宝物是否有那么神奇,心里迫不及待要试用它。

第二天下午,刚上课一会儿,男孩已经想回家了,可是老师仍然不停地说着,看情况可能又要多留一个多小时,他觉得无聊极了。

对了,试一下那银盒是不是真有那么神奇!

于是,他偷偷地把手伸入怀里,轻轻地抽出一小段金丝。神奇的事情发生了——老师叫学生收拾课本,可以回家了。男孩非常高兴,第一个冲出课堂,一蹦一跳地回家玩耍去了。

从那天开始,每当男孩遇到不愉快的事情时,都会把金丝轻轻一抽,不愉快的事便会在一刹那间消失。

一天,男孩忽然想道:"我为什么要到学校上课啊?我想立即长大,像其他大人一样去工作赚钱。自己有钱多好啊!"

于是,男孩把金丝抽出比平时要长好多的一段,他立即变成年轻力壮的年轻人。

他到一间工厂里去做木工，自己有了收入，更可以自由自在地花钱了，他很开心。不幸的是，他们的国家和邻国开始了战争，男孩被征召去当兵。战争是多么的残酷无情啊！他非常害怕会在战场上牺牲。男孩就用他的宝贝来结束战争。于是他又把金丝抽出长长的一段。

　　时间到了战争之后，他已经结婚了。又一年之后，他的第一个儿子出生了，但不久就生病了，整日哭着无法安然入睡。他看到儿子如此痛苦，爱子心切，又把银盒内的金丝轻轻一抽，儿子马上康复了。

　　有一天他的妻子生病了，十分痛苦。他想再把金丝抽出一点儿，却担忧自己会因金丝被全部抽出而死去。犹豫再三，他实在不忍心看妻子受苦，最后还是小心地把金丝抽出了一点儿，他的妻子便康复了，但他的母亲却更加衰老了。

　　又没过多久，他的母亲因为年老体弱，得了重病，他想起了自己的金丝，心想抽出一段，母亲便可像儿子和妻子一样好起来。可是当他用手一抽，母亲便永远把眼睛闭上，与世长辞了。

　　母亲的去世给了他很大的打击。"为什么生命是如此短促、冷酷无情？我还未好好地活过，母亲就离我而去了，妻子也一天比一天衰老了！"他感到困扰和痛苦。

　　都是那银盒惹的祸！我不愿再这样了。

　　他又来到小时候来的那个森林，那里一切景致和初次来时一模一样。不同的是他自己现在年老力衰，没走多远便已气喘吁吁了，于是他就坐下来休息。

这个时候，那位曾送他银盒金丝的仙女又突然出现，问他："这个宝贝是不是很好用呢？一定让你少了好多不快与痛苦吧？"

他回答："你还说它好用！它把我害惨了。"

仙女不高兴地说："你这个不知感恩的人，我把天下最好的宝物给你，你却一点儿不感激，也不欣赏它、珍惜它！居然说我在害你？"

他说："现在，我的母亲死了，妻子也老了。再看看我的样子，我还没有好好活过，自己也老了。你还说不是在害我！"

仙女看他满脸的痛苦，就平静和蔼地对他说："既然这样，你把银盒金丝还给我，我再帮你完成一个心愿作为补偿好不好？"

他毫不犹豫地把银盒金丝递还给仙女，并说道："好！我希望能回到当初第一次遇见你的时候。"

仙女微笑着点了点头，接过银盒金丝姗然离去。

这时，男孩醒了，睁开眼，发现自己正睡在自己的床上，原来是一场梦！但梦给他上了人生最重要的一堂课。

人生好运念

　　生命是由时间组成的，时间一旦逝去便永不会回来，所以说生命的意义就在于过程。没有谁一生不经历曲折坎坷，幸福快乐也好，痛苦悲伤也罢，都是一笔财富。每一段都有精彩之处，看似苦难的事情背后都隐藏着快乐，就看我们怎样去发现，如何去享受和珍惜。

第五念　快乐
——人生就是要活得快乐